基于自适应动态规划理论的非线性系统优化控制及其应用

JIYU ZISHIYING DONGTAI GUIHUA LILUN DE FEIXIANXING XITONG YOUHUA KONGZHI JI QI YINGYONG

李 婷/著

文化发展出版社
Cultural Development Press
·北京·

内 容 简 介

本书详细介绍了人工智能与优化控制相结合的自适应动态规划理论，介绍了基于自适应动态规划理论的优化控制方法取得的丰硕理论成果。本书分析了复杂系统的最优控制面临的问题，如优化性提升、控制通信与计算负担、控制系统自身的限制以及外部环境对控制系统的影响等，并针对实现最优控制过程中亟待解决的关键问题，从建模、方法设计和仿真分析等多方面进行解读。本书具体包含6个章节，分别是自适应动态规划的理论方法、事件触发机制下几类复杂非线性系统的优化控制问题的求解、含输入约束非线性连续时间系统的自适应跟踪控制方法、含输入和不匹配扰动的非线性连续时间系统滑模控制以及动态未知的非线性离散时间系统的最优控制问题等。最后，本书针对自适应动态规划理论在实际系统中的应用研究进行案例分析，解决自主式水下航行器系统的自适应轨迹跟踪控制问题。本书适合从事控制科学与工程专业的研究生及相关科研人员使用和参考。

图书在版编目（CIP）数据

基于自适应动态规划理论的非线性系统优化控制及其应用 / 李婷著. — 北京 ：文化发展出版社，2023.5
ISBN 978-7-5142-3989-8

Ⅰ. ①基… Ⅱ. ①李… Ⅲ. ①非线性系统(自动化)－自适应控制 Ⅳ. ①TP273

中国国家版本馆CIP数据核字（2023）第080249号

基于自适应动态规划理论的非线性系统优化控制及其应用

李　婷　著

出 版 人：宋　娜
责任编辑：朱　言　　　　责任校对：岳智勇
责任印制：邓辉明　　　　封面设计：盟　诺
出版发行：文化发展出版社（北京市翠微路2号 邮编：100036）
发行电话：010-88275993　010-88275710
网　　址：www.wenhuafazhan.com
经　　销：全国新华书店
印　　刷：北京捷迅佳彩印刷有限公司

开　　本：787mm×1092mm　1/16
字　　数：143千字
印　　张：7.125
版　　次：2023年7月第1版
印　　次：2023年7月第1次印刷

定　　价：49.00元
I S B N：978-7-5142-3989-8

FOREWORD 前言

自适应动态规划是最优控制领域新兴起的一种近似最优方法，它在人工智能、强化学习、人工神经网络、模糊系统、演化计算等方面发展迅速，为求解非线性系统优化问题提供了很多解决思路和具体技术方法，是当前国际最优化领域的研究热点。与强化学习思想相结合，自适应动态规划方法利用函数逼近结构近似求解最优化方程的解，从而得到非线性系统控制的最优代价和最优控制策略，有效地解决了系统优化控制求解过程中由于时间反向计算而产生的“维数灾难”问题。

本书基于自适应动态规划理论，首先介绍了最优控制的研究背景及最新的国内外研究现状，简述了基于自适应动态规划的优化控制方法取得的丰硕理论成果。针对复杂系统最优控制面临的通信和计算负担、控制系统自身的限制以及外部环境对控制系统的影响等实现最优控制过程中亟待解决的关键问题进行分析求解。基于自适应动态规划理论，结合在线积分增强学习、滑模控制和时间差分等方法，研究了事件触发机制下含输入约束的连续系统鲁棒 $H\infty$ 控制，自适应最优跟踪控制以及动态未知离散时间系统的最优控制。并将自适应动态规划应用到水下航行器系统的自适应跟踪控制中，实现了相关理论的应用拓展。

本书的主要内容包含以下几个方面。

第一，研究了一类具有外部扰动且输入受限的非线性连续时间系统在事件触发机制下的最优控制问题。首先，在保证性能最优和系统稳定的前提下，结合自适应事件触发条件设计了一种新的约束控制律。其次，为了逼近复杂 HJI 方程的最优解，提出了一种自适应的在线执行-批评神经网络强化学习方案策略。同时，通过 Lyapunov 稳定性分析证明了在所提出的触发条件下，神经网络权值误差的收敛性和事件触发闭环系统的渐近一致有界稳定性。此外，通过建立增广系统，提出了具有输入约束和有限网络通信的事件触发 $H\infty$ 跟踪控制。最后，通过三个数值仿真验证了所提算法的有效性。

第二，针对具有外部扰动和控制输入受限的非线性连续系统，设计了一种基于鲁棒自适应动态规划方法的事件触发积分滑模控制策略。提出了一种具有两个不同触发部分的混合事件触发积分滑模控制方案，保证了输入约束下滑模动态的最优性能。通过消除输入扰动，使系统轨迹保持在滑模面，给出了不连续部分的触发规则，并分析了一个较小触发间隔时间界的存在性。然后将滑模动态的最优事件触发控制问题转化为连续部分触发条件下的考虑折扣因子的 $H\infty$ 约束控制问题。为了求解事件触发的 HJI 方程，采用并行学习的方法，提出了一种基于单评价神经网络的自适应动态规划算法，迭代更新了神经网络的权值。考虑事件触发条件，利用 Lyapunov 方法分析了滑模动态一致最终有界稳定性。最后通过仿真验证了本章控制策略的有效性。

第三，针对一类具有未知动态的非线性离散时间系统，考虑长期预测参数 λ，提出了一种基于事件触发启发式动态规划的最优控制策略。首先，推导最终目标值函数 λ 返回值的迭代关系，设计了保证系统稳定的事件触发条件，减少了计算量和通信量。其次，建立了一个模型-执行-评价神经网络结构，其中模型神经网络用于辨识系统状态，以获得当前时刻目标值的 λ 返回值，用于获取评价神经网络实时更新的逼近误差。评价网络和执行网络用于逼近当前时刻的一步返回值和事件触发最优控制率。再次，应用 Lyapunov 稳定性定理证明了基于事件触发的系统状态和神经网络权值误差一致最终有界。最后，通过两个案例来说明所提算法的有效性。

第四，针对水下航行器系统提出了一种考虑加权优先经验回放的执行依赖启发式动态规划（ADHDP）自适应跟踪控制方法。控制动作由滑模控制和 ADHDP 控制器相结合构成，在固定深度的水平坐标系下跟踪期望的航行位置和角度。ADHDP 控制器作为滑模控制的辅助控制，观察实际航行位置/角度和期望位置/角度之间的差异，自适应的提供相应的补充控制动作。ADHDP 控制器不依赖精确的数学模型，而是通过输入输出数据进行控制率的学习。同时，设计权值相关的优先经验回放技术，利用存储在数据库中的相关历史数据进行在线权值网络的更新，提高了学习速度。所提算法能够在各种情况下随时间在线调整参数，非常适用于具有参数不确定性和外部干扰的水下航行器系统。基于 Lyapunov 稳定性方法分析了闭环系统状态及网络权值误差的稳定性。最后，通过航行器仿真研究验证了该方法的跟踪性能。

本书受北京市教育委员会科学研究计划项目资助（项目号 KM202310015003），特表示感谢。

作者

2023 年 4 月

CONTENTS 目录

第一章 绪论

1.1 问题背景和研究意义

随着科学技术的不断进步和工业系统的飞速发展，实际工业生产需求和控制技术的要求越来越复杂。特别是针对存在控制输入受限、动态未知、参数不确定以及外部干扰等特殊条件下的复杂系统控制问题，传统的控制方法难以满足高性能控制的要求。因此，面对复杂的工业系统(电力系统、航空航天、机器人等)，找到降低控制成本，提高系统性能的有效控制方法具有非常重要的现实意义[1-8]。

人工智能和机器学习近年来广泛引起了研究学者的兴趣。特别是近十年来，强化学习作为机器学习的一个重要组成部分，是多学科多领域交叉的一个新兴学科，得到了飞速的发展[9,10]。2013 年，DeepMind 团队将强化学习与深度神经网络相结合，创造了 AlphaGo 在围棋上击败人类的传奇，掀起了新一轮的强化学习热潮，极大推动了人工智能技术的发展与应用[11,12]。在控制领域，自动控制早在 20 世纪 60 年代就与人工智能相结合，建立并发展成为智能控制理论。智能控制是主要针对具有高度非线性、不确定性的数学模型以及复杂的任务要求，进行智能信息处理、智能信息反馈和智能控制决策的控制方式，是控制理论发展的高级阶段，用来解决传统方法难以实现的复杂系统的控制问题[13-16]。

随着现代控制理论的研究以及相关计算技术的高速发展，复杂系统的控制目标除了满足系统稳定性问题研究的基本需求，开始更多关注动态系统中某项性能指标的优化情况，并逐渐发展出新的数学分支——最优控制[17,18]。

作为现代控制理论的核心，最优控制理论自 20 世纪 50 年代发展至今，已经形成了系统完整的理论体系[19]。它所要解决的问题是：按照控制对象的动态特性，选择一个容许控制，使被控对象按照技术要求运转，同时使性能指标达到最优值。最优控制以 20 世纪 60 年代空间飞行器的制导为背景，最初的研究对象是由导弹、航天、航海中的制导、导航等自动控制技术、自动控制原理、数字计算技术等领域总结出来的一类按某个性能指标达到最大或最小的控制问题[20-22]。在工业过程和人类生产活动的各个领域，我们往往需要从最优化的角度实现被控对象或过程的高效控制。目前，关于最优控制的研究已经形成了比较完整的方法体系，无论在深度上还是在广度上都有很大的发展，也产生了大量的优秀理论和实践成果，在生物领域、市场营销和现代医学成像与高维图像分析等实际生活中得到了广泛应用[23-26]。

求解最优控制问题，必须建立受控运动过程的动态方程，即系统的数学模型，给出控制变量的允许取值范围，指定运动过程的初始状态和目标状态，并且规定一个评价运动过程品质优劣的性能指标。通常，性能指标的好坏取决于所选择的控制函数和相应的运动状态。系统的运动状态受动态方程的约束，而控制函数只能在允许的范围内选取。因此，数学角度的最优控制问题可以表述为，在动态方程和允许控制范围的约束条件下，对以控制函数和系统状态为变量的性能指标函数求取极值的过程。

解决最优控制问题的主要方法包括：古典变分法、极大值原理和动态规划[3,27]。古典变分法是研究对泛函求极值的一种数学方法，仅适用于控制变量选取范围不受限制的情况。然而在许多实际问题中，控制函数的选择常常受封闭性的边界条件限制，如方向舵只能在两个极限范围内转动，电动机的力矩只能在正负的最大值范围内产生等。因此，古典变分法对于解决许多重要的实际最优控制问题能力是有限的。为了解决上述问题，极大值原理和动态规划方法在 20 世纪 60 年代分别由苏联学者庞特里亚金和美国学者贝尔曼提出，这是两种富有成效的最优控制方法。鉴于动态规划是一种很适合在计算机上进行计算的比较有效的方法，自创立之初就得到了极其广泛的应用，包括工程技术、经济、工业生产、军事以及自动化控制等领域，并在生产经营、资金管理以及资源分配等问题中取得了显著效果[28-30]。

通过系统的动态规划方法，我们可以得到相关的最优化方程。对于性能指标为状态和控制二次型加和形式的线性系统，可以通过求解黎卡提方程来获得上述最优化方程的解；对于性能指标为非二次型形式的复杂非线性系统，需要通过求解 HJB 方程来获得其控制的最优解。非线性系统的 HJB 方程是非线性偏微分方程或者差分方程的形式，很难求得其解析解。传统的动态规划方法在求解上述 HJB 方程时，需要从后向前求取各个阶段的最优解，其计算量和存储量会随着状态和控制的维数的增加而急剧增长，这将导致严重的“维数灾”问题。

与此同时，鉴于智能控制方法优越的控制性能，人工智能技术已被广泛应用到最优控制问题的求解过程[31]。其中，强化学习作为一种基于统计和动态规划的学习技术，使用来自环境/系统的奖惩信号反馈作为输入，并以“试错”的方式进行学习。在控制领域，强化学习与神经网络近似方法相结合的智能控制方法，凭借其良好的非线性逼近特性、自学习特性和容错特性，能有效地解决动态规划中的维数灾难问题，又称为自适应/近似动态规划（Adaptive/Approximate Dynamic Programming，ADP）。ADP 是人工智能和控制领域发展而交汇形成的新兴学科，以传统的最优控制为理论基础，结合了增强学习与动态规划的思想，提出了近似求解大规模复杂非线性系统优化控制问题的方法，是一种近似最优化的智能控制算法[32,33]，自提出就引起了学术界和工业界的广泛关注[34-36]。

尽管智能优化控制方法取得了丰硕的理论成果和实践经验，复杂系统的最优控制依旧面临着通信和计算负担，控制系统自身的限制以及外部环境对控制系统的影响仍然是实现最优控制过程中亟待解决的关键问题。

1.2 自适应动态规划理论的发展历程

在 1975 年的《经济学季刊》上，一篇研究可消耗自然资源的最优解决方案的论文首次提到了“自适应动态规划”一词[37]。随后，自适应动态规划在 1977 年被正式用于研究库存控制[38-39]。此后近 20 年来，自适应动态规划的研究一直在进行，但很少应用于控制领域。直到 1995 年，Barto 等人在文献[40]中介绍了“自适应实时动态规划”的概念，紧接着，Murray 等人在文献[41]中提出了一种用于连续时间仿射非线性系统最优控制的自适应动态规划算法，并在文献[23]中给出了其主要定理的完整证明。在控制应用方面，Werbos 于 1977 年研究了三种基本结构 HDP、DHP 和 GDHP，并在 1987 年提出了最优控制的近似动态规划一词。Bertsekas 和 Tsitsiklis 于 1996 年出版了 NDP/ADP 领域的第一本书，该书系统而全面地阐述了最优控制、智能控制和控制的运筹学方法[30]。

最初，自适应动态规划应用在求解最优控制中的“维数灾”问题，通过神经网络近似结构，以迭代的形式来逼近求解最优价值函数。迭代算法作为机器学习的一个重要课题，在复杂系统的最优控制中具有无可比拟的优势[42-46]。ADP 中的迭代方法由两部分组成：①使用评价网络的策略评估部分；②使用执行网络的策略改进部分。根据这两个部分的不同实现方法，学者们提出了不同的 ADP 迭代学习算法，其中基础的两种分别是值迭代(Value Iteration，VI)和策略迭代(Policy Iteration，PI)。

值得一提的是，PI 的成功依赖初始容许控制策略，使系统在学习过程中保持稳定，因此被许多研究者采用。Vamvoudakis 等人基于 PI 算法提出了能够同步调节评价网络和执行网络的自适应同步策略迭代方法，用于求解连续时间系统的最优控制问题[47]。虽然 VI 不受此条件的限制，但系统的稳定性一般不能得到保证。因此，不建议在线执行迭代 VI 算法，这限制了其在工业过程中的应用。魏庆来等人在文献[48]中证明了迭代 VI 可以通过选择某个半正定函数作为初值函数，在保证系统稳定性的同时收敛到最优。这个结论表明从任意值开始的值函数迭代也能保证稳定性，对相关值函数迭代算法的研究有重要意义。

随着自适应动态规划算法的进一步研究，学习能力和适应性不断提高，出现了一些改进的优化控制方法如 Q-学习(Q-learning)、系统辨识和积分增强学习(Integral Reinforcement Learning，IRL) 等，能够在系统缺少先验知识的情况下实现最优控制目标[49]。Q-learning 也被称为执行依赖式动态规划(ADHDP)，是一种不需要系统动力学知识就可以求解最优控制问题的方法，凭借其自身模型的在线辨识能力，有效地提高了学习过程中的训练效率，这推动了 Q-learning 技术在控制领域的前沿应用。文献[50]提出了无模型的 Q 学习策略，在系统动态特性未知的条件下实现离散时间系统零和博弈的 $H\infty$ 最优控制。文献[51]基于无模型 Q 学习方法，提出了考虑折扣因子的线性离散系统 $H\infty$ 跟踪控制算法，证明了持续激励条件下干扰不会对跟踪误差产生影响。针对模型未知的系统优化控制，辨识网络的加入实现系统动态信息的再现，为评价网络中价值函数的求解提供条件。文献[52]提出并行学习策略，在评价-执行网络结构的基础上，设计神经网络辨识器在线近似逼近模型未知系统的动态特性，并广泛应用在连续时间复杂系统优化控制问题中。针对具有不匹配不确定性的部分未知连续非线性系统，文献[53]通过设计模型辨识和评价双网络结构求解 HJB 方程的近似解，从而实现鲁棒自适应控制。积分增强学习在传统 PI 算法的基础上采用了积分贝尔曼方程进行策略评估，降低了策略评估过程中系统动态信息的需求，同时减少了系统信息的传输，为求解某些动态部分未知系统的最优控制提供了思路。Lewis 等人在文献[54]中针对无限域非线性连续时间系统提出了基于 IRL 方法的自适应控制的在线求解策略，并将其拓展到含输入约束的非线性部分动态未知系统的最优跟踪控制研究[55]。

现阶段，离策略(Off-policy)和自学习(Self-learning)的相关算法成为目前复杂系统最优控制研究的新热点[56-58]。离策略在更新值函数时，不仅采用当前策略下产生的样本，还利用经验数据即历史策略产生的样本进行迭代学习，消除了对持续性激励的依赖，减小了计算量，提高了学习效率，得到了学者们的广泛关注。文献[57]针对动态未知系统的优化控制提出了离策略的自适应动态规划方法，仅利用输入输出数据进行策略学习。随后，基于离策略的 $H\infty$ 控制问题在文献[58]中进行了研究。对于精确模型难以建立的复杂动态系统，离策略为发展数据驱动的增强学习与自适应动态规划相结合的最优控制算法提供了重要的研究方向。

自学习方法可以使系统在没有外部奖励信号的情况下进行最优控制策略的学习与训练，它的核心思想是建立目标神经网络，根据给定的最终目标自适应地产生一个内部奖励信号，而不需要来自环境的明确的外部奖励信号，自学习的思想被广泛应用于现有的强化学习和自适应动态规划算法和体系结构中。文献[59]从数学角度描述了该方法的理想形式，通过一个三连杆倒立摆的实例说明了该方法的有效性。后来，文献[60]对此方法进行了理论分析。Ni 等人在文献[61]中还将这种方法与 ADHDP 和 SARSA 学习方法进行了比较，以解释这种新方法的性能。同时，自学习策略在实际系统优化控制研究如迷宫导航、车辆极点平衡设计、倒立摆平衡控制、工业大型复杂过程控制等方面起到了重要作用[60,62,63]。

1.3 自适应动态规划求解最优控制问题的研究现状

经过学者们的大量研究，自适应动态规划方法已经广泛应用到解决各类最优控制问题，下面将分类介绍该方法的研究进展。

1.3.1 最优跟踪控制问题求解

最优跟踪控制问题是设计一种控制策略，使系统的实际输出跟踪期望的轨迹，并使预定值函数最小化。对于如无人机和航天器等实际系统，以最优方式跟踪期望的轨迹是控制器设计的主要目标。因此，最优跟踪问题越来越受到控制领域的关注[64,65]。

针对连续时间系统，文献[66]研究表明通过构造具有跟踪误差和期望轨迹的增广系统，可将最优跟踪控制问题的解，转化为最优调节问题。Lewis 等人在文献[55]中首先给出了跟踪控制问题的标准求解形式，引入增广系统含折扣因子的值函数，分析了折扣因子β在最优跟踪控制值函数近似中的必要性。当参考轨迹 $x_d(t)$不收敛到零时，前馈控制输入可以使值函数 V 无界，采用折扣因子β可以确保值函数 V 有界，从而有效地避免了这个问题。针对具有控制约束的动态完全未知离散非线性系统，王鼎等人在文献[67]中实现了基于无模型迭代对偶启发式规划算法的 $H\infty$ 最优跟踪控制。在文献[68]中，姜钟平等人针对一类具有严格反馈形式的非线性系统的自适应最优跟踪问题，提出了一种新的数据驱动控制方法。首次将 ADP 和非线性输出调节理论相结合，在不需要任何系统动力学先验知识的情况下，设计一个自适应的近似最优跟踪器。文献[69]通过构造基于神经网络的观测器，提出了一种直升机无人机轨迹跟踪输出反馈控制器，解决了状态反馈无法实现直升机轨迹跟踪的问题。对于事件触发机制的最优跟踪控制，Vamvoudakis 在文献[70]中给出了增强系统的触发阈值，并证明了跟踪系统的稳定性。

针对离散时间系统的跟踪控制问题，文献[71]首次采用迭代 ADP 算法设计了一类离散非线性系统的有限时间最优跟踪控制器，并在文献[72]中考虑了时间延迟。罗彪等人在文献[73]中，提出了跟踪控制问题中多步策略评估方法的收敛理论。文献[74]应用执行-评价—离策略算法求解突变情况下的线性系统最优跟踪控制，考虑该方法的非线性系统跟踪控制有待进一步研究。同时，基于事件触发机制的离散非线性系统次优跟踪控制在文献[75] 中进行了研究。

1.3.2 带扰动的 $H\infty$ 控制问题求解

由于实际被控对象自身不确定性及外界不可测干扰的存在，如何实现闭环系统控制在干扰条件下的鲁棒稳定性具有重要的研究价值。加拿大学者 Zames 在 1981 年首次提出 $H\infty$ 控制思想，即对属于一个有限能量的干扰信号设计控制器，使闭环系统稳定且干扰对系统期望输出的影响最小。由于传递函数的 $H\infty$ 范数可描述有限输入能量到输出能量的最大增益，因此采用表述上述影响的传递函数的 $H\infty$ 范数作为目标函数对系统进行优化控制。基于上述思想，文献[76]将 $H\infty$ 问题的求解转化为零和微分博弈问题，开拓了 $H\infty$ 优化控制的新思路，由此产生了一系列的相关研究[77-79]。针对含输入约束系统的$H\infty$控制，文献[77]提出了在线求解离散时间零和对策的自适应临界近似动态规划设计。文献[78]考虑含未知动态的非线性连续系统，通过增强学习与 ADP 结合的优化控制算法近似求解不含系统动态信息的 HJI 方程从而得到最优控制策略。为了求解含有不确定扰动的复杂系统鲁棒控制问题，王鼎等人引入创新的性能指标函数消除不确定扰动量的影响，实现匹配和不匹配干扰下的优化控制求解[79]。

1.3.3 实际应用系统中的问题求解

随着自适应动态规划方法的不断发展，其适用性与鲁棒性逐渐提高，被广泛应用于求解各类实际系统的最优控制问题。

在智能电网与能源管理方面，魏庆来等人在文献[80]中基于负荷和电价数据分别构造了策略迭代和值迭代两种迭代方式，提出了一种新的混合迭代 ADP 算法来解决智能微电网中电池能量的优化管理和控制问题。针对由多个蓄电池组成的储能系统充放电动作的优化调度问题，文献[81]考虑电池电量存在安全区域等控制约束，提出了一种新的自适应动态规划算法，将时变最优值函数细分为一系列时不变函数，再通过周期值迭代求解最优充放电方案。文献[82]研究了一种基于太阳能可再生能源的智能电网最优储能控制方案。以实时电价、负荷需求、太阳能可再生能源等数据为基础，建立了使总电费最小化同时延长电池寿命的最优性能指标函数，构造了一种求解电池迭代控制律的 ADP 自学习算法。

在航空航天控制方面，针对高超声速飞行器的最优控制问题，文献[83]提出了一种基于策略迭代的在线自适应动态规划姿态跟踪控制器。文献[84]提出了基于 ADHDP 的吸气式高超声速飞行器自适应跟踪控制方法，能够在各种工况下实现参数在线调整，非常适用于具有参数不确定性和干扰的高超声速飞行器系统。文献[85]综合 ADP 算法在航空航天领域的研究进展，分析了几种典型的制导律优化设计方法，以及 ADP 方法在导弹制导律设计中的应用现状和前景。

在交通物流方面，赵冬斌等人在文献[32]中介绍了自适应动态规划在平面交叉口和高速公路匝道计量系统交通信号控制优化中的应用现状和潜力。文献[86]设计了高速公路匝道控制系统优化协调的双启发式规划设计方法，结合交通流模型，采用 DHP 方法训练协调神经网络控制器，解决了经常性和非经常性拥挤与排队问题。文献[87]利用自适应动态规划算法提出了小车通过连续型奖励/惩罚信号自主学习寻路、避障的优化控制策略，并结合虚拟现实技术构建不同路径和不同障碍物状态的仿真环境，验证了小车自主导航避障控制的可靠性和稳定性。

此外，考虑救护车调配的近似动态规划方法在文献[88]中进行了研究，该方法使用直接搜索方法来调整值函数近似结构中的参数，从而获得高质量的策略。文献[89]采用迭代 ADP 方法建立了一种新的离散非线性系统基于数据的迭代最优学习控制方案，并将其应用于煤气化最优跟踪控制问题。文献[90]提出了一种自组织神经网络结构来解决 DNA 和蛋白质序列的基序识别问题。林小峰等人研究了 ε-自适应动态规划新方法并将其应用到制糖、水泥等行业的生产过程中[91,92]。

1.4 基于事件触发机制的自适应动态规划及其研究进展

时间触发机制作为传统系统控制的一种主要方式，对系统状态进行采样并定期更新控制器[92]。然而，在网络化系统控制的应用中，当遇到通信通道窄、计算周期短、能耗低等问题时，有限资源的有效利用成为人们考虑的一个关键因素[93]。近年来，事件触发控制由于其具有降低传输负担、节省通信和提高计算效率等优点，越来越受到人们的关注并在控制实现上得到了广泛的研究。该策略中的控制更新与常规的固定周期采样控制模式不同，它通过设计自适应触发条件来确定采样周期，满足系统性能和保证系统稳定性的阈值条件决定了控制更新时刻，从而减少控制器与执行器之间的通信，大大提高了有限资源的有效利用率。作为一种新兴的控制策略，事件触发控制已被广泛应用于多智能体控制[94]和机器人系统控制[95]、模糊系统控制[96,97]和非线性系统最优控制[98,99]、电力系统控制[100]等领域。

近年来，为了满足计算量与通信等资源受限的复杂系统优化控制需求，基于事件触发机制的自适应动态规划最优控制策略得到了许多学者的广泛关注并展开深入研究[101-103]。

对于连续时间非线性系统最优控制，文献[101]通过建立脉冲模型，提出了一种非线性系统最优控制的在线事件触发强化学习策略，并证明了闭环系统在所设计的触发方案下是渐近稳定的。通过建立增广系统，该框架被扩展到求解非线性系统的最优跟踪控制问题中[70]。考虑了系统的不确定性，文献[102]和文献[103]提出了一种基于单一神经网络结构的不确定系统事件触发自适应鲁棒控制策略。通过对闭环系统的稳定性分析，得到了保证系统稳定和最优性能的自适应触发条件。为了消除外界干扰的影响，使系统具有鲁棒性和稳定性，文献[104]提出了基于事件触发机制与并行学习方法的 $H\infty$ 鲁棒控制策略，针对零和微分博弈问题实现了事件触发机制下的近似最优控制。在文献[105]和文献[106]中利用神经网络辨识器，设计了事件触发机制下考虑含未知动态系统的近似最优控制问题。另外，文献[107]提出了通过事件触发的部分未知动态系统最优约束控制策略。

对于离散时间系统，文献[108]提出了一种不确定非线性离散系统的事件触发近似最优控制，设计了一种自适应事件触发条件来确定触发时刻并采用事件驱动的神经动态规划设计最优控制策略。为了解决自适应最优控制问题，文献[82]设计了含有模型网络系统辨识的三网络逼近结构，提出了事件触发的 HDP 优化控制策略。针对实际的供暖、通风和空调系统，文献[109]提出了一种实时事件触发的自适应评价控制器，设计了一般线性和非线性离散时间系统的事件触发条件实现系统最优温度的实时控制。

1.5 本书的主要工作

首先，本书研究了一类具有外部扰动且控制输入受限的非线性连续时间系统在事件触发机制下的 $H\infty$ 控制问题和考虑折扣因子的最优跟踪控制问题。其次，基于积分滑模控制和 ADP 方法，针对含匹配和不匹配干扰的非线性输入受限系统，设计了一种混合事件触发机制的鲁棒自适应积分滑模控制方案。再次，针对一类具有未知动态的非线性离散时间系统，考虑长期预测参数 λ，提出了一种事件触发机制下基于启发式动态规划的最优控制策略。最后，通过设计考虑加权优先经验回放的 ADHDP 方法，与滑模控制相结合实现水下航行器系统在水平坐标系下位置和姿态的自适应跟踪控制。

本书各章节内容安排如下。

第一章对本书的问题背景和研究意义，以及自适应动态规划理论的发展历程和相关研究进展进行了详细阐述与介绍。

第二章首先描述了动态规划方法求解最优控制的基本问题，并对离散时间系统和连续时间系统动态规划方法的基本步骤分别进行论述。其次，分析了自适应动态规划方法求解最优控制问题的基本原理，通过介绍其整体结构说明了 ADP 主要解决的两方面问题。再次，简述了 ADP 的基本结构及演化历程，以 BP 神经网络的 HDP 结构为例展示模型-评价-执行的三网络结构。最后，基于强化学习思想介绍了 ADP 两种基本的迭代方式。

第三章研究了一类具有外部扰动且输入受限的非线性连续时间系统在事件触发机制下的最优控制问题。首先，在保证最优性能和系统稳定性的前提下，结合自适应事件触发条件设计了一种新的约束控制律。其次，为了逼近复杂 HJI 方程的最优解，提出了一种自适应的在线执行-批评神经网络强化学习方法策略。同时，通过 Lyapunov 稳定性分析证明了在所提出的触发条件下，神经网络权值误差的收敛性和事件触发闭环系统的渐近一致有界稳定性。此外，通过建立增广系统，首先提出了具有输入约束和有限网络通信的事件触发 $H\infty$ 跟踪控制。最后，本章通过三个数值仿真验证了所提算法的有效性。

第四章针对具有外部扰动和控制输入受限的非线性连续系统，设计了一种基于鲁棒自适应动态规划方法的事件触发积分滑模控制策略。提出了一种具有两个不同触发部分的混合事件触发积分滑模控制方案，保证了输入约束下滑模动态的最优性能。通过消除输入扰动，使系统轨迹保持在滑模面，给出了不连续部分的触发规则，并分析了一个较小触发间隔时间界的存在性。然后将滑模动态的最优事件触发控制问题转化为连续部分触发条件下的考虑折扣因子的 $H\infty$ 约束控制问题。为了求解事件触发的 HJI 方程，采用并行学习的方法，提出了一种基于单评价神经网络的自适应动态规划算法，迭代更新了神经网络的权值。考虑事件触发条件，利用 Lyapunov 方法分析了滑模动态一致最终有界稳定性。最后通过仿真验证了本章控制策略的有效性。

第五章针对一类具有未知动态的非线性离散时间系统，考虑长期预测参数 λ，提出了一种基于事件触发启发式动态规划的最优控制策略。首先，推导最终目标值函数 λ 返回值的迭代关系，设计了保证系统稳定的事件触发条件，减少了计算量和通信量。其次，建立了一个模型-执行-评价神经网络结构，其中模型神经网络用于辨识系统状态，以获得当前时刻目标值的 λ 返回值，用于获取评价神经网络实时更新的逼近误差。评价网络和执行网络用于逼近当前时刻的一步返回值和事件触发最优控制率。再次，应用 Lyapunov 稳定性定理证明了基于事件触发的系统状态和神经网络权值误差一致最终有界。最后，通过两个案例来说明所提算法的有效性。

第六章针对水下航行器系统提出了一种考虑加权优先经验回放的 ADHDP 自适应跟

踪控制方法。控制动作由滑模控制和 ADHDP 控制器相结合构成，在固定深度的水平坐标系下跟踪期望的航行位置和角度。ADHDP 控制器作为滑模控制的辅助控制，观察实际航行位置/角度和期望位置/角度之间的差异，自适应地提供相应的补充控制动作。ADHDP 控制器不依赖精确的数学模型，通过输入输出数据进行控制率的学习。同时，设计权值相关的优先经验回放技术，利用存储在数据库中的相关历史数据进行在线权值网络的更新，提高了学习速度。本章所提算法能够在各种情况下随时间在线调整参数，非常适用于具有参数不确定性和外部干扰的水下航行器系统。基于 Lyapunov 稳定性方法分析了闭环系统状态及网络权值误差的稳定性。最后，通过航行器仿真研究验证了该方法的跟踪性能。

第二章 自适应动态规划的理论方法

自适应动态规划方法是神经网络与强化学习相结合近似求解动态规划问题的智能优化控制方法。通过构建神经网络结构，以迭代的方式近似求解最优化方程的解，从而得到复杂系统的最优控制策略。然而在实际控制过程中，复杂系统往往面临各种自身限制以及外部环境对控制系统的影响，如系统存在的未知动态、饱和控制输入、不可测的外部干扰、参数不确定以及带宽资源受限等，这可能会导致优化控制算法的有效性和适用性大打折扣。本书针对不同的优化控制问题提出了几种自适应动态规划算法来解决上述问题，保证复杂系统的控制性能。在介绍具体方法之前，需要深入了解自适应动态规划的基本原理、相关的神经网络结构以及迭代方式。

本章先回顾了动态规划方法求解最优控制的问题描述，然后分别论述了离散时间系统和连续时间系统动态规划方法的基本步骤。继而引出本书求解最优控制问题的核心方法——自适应动态规划，分析其基本原理和结构演变。最后详细介绍了 ADP 两种基本的迭代方式。

2.1 动态规划与优化控制

正如第一章的介绍，动态规划是求解最优控制问题的主要方法，我们首先回顾最优控制问题。已知受控系统数学模型用下面的状态方程来描述：

$$\dot{x}(t)=f[x(t),\ u(t),\ t] \tag{2.1}$$

其中，$x(t)\in R^n$ 是 n 维的状态向量，$u(t)\in R^m$ 是 m 维的控制输入。受控系统最优控制问题的始端条件为 $x(t_0)=x_0$，终端条件可以用一个目标集表示如下：

$$\Pi_f=\{x(t_f);\ g_1[x(t_f)]=0,\ g_2[x(t_f)]\leqslant 0\} \tag{2.2}$$

同时，控制输入 u 是必须满足一定条件且使受控系统初值和终端值问题有解的容许控制，该条件可以表述为 $u\in\Omega$ 且 Ω 是一个有界闭集，即容许控制集。

另外，最优控制问题的数学描述中需要关注的一个重要内容是反应系统控制过程和终端时刻对系统性能要求的性能指标，一般描述为

$$J=\Phi[x(t_f),\ t_f]+\int_t^{t_f}L[x(t),\ u(t),\ t]\,\mathrm{d}t \tag{2.3}$$

其中，$L[x(t),\ u(t),\ t]$ 是对系统控制过程性能的描述，$\Phi[x(t_f),\ t_f]$ 是对终端时刻系

统性能的描述，若两者都是二次型函数，则上式可表示为

$$J=\frac{1}{2}x(t_f)^{\mathrm{T}}Px(t_f)+\frac{1}{2}\int_{t}^{t_f}[x(t)^{\mathrm{T}}Qx(t)+u(t)^{\mathrm{T}}Ru(t)]\,\mathrm{d}t \tag{2.4}$$

综上所述，最优控制问题可以描述为已知受控系统动态方程(2.1)及给定的初始条件 x_0 和目标集(2.2)，在容许控制集合 Ω 中，寻找控制向量 $u^*\in\Omega, t\in[t_0,t_f]$，使系统由给定的初始状态出发，在 $t_f>t_0$ 时刻转移到规定的目标集，并使性能指标(2.3)取极小值，其中 u^* 即为求解的最优控制策略。由此，也可以将最优控制问题转化为多种约束条件下某个泛函的条件极值问题。

动态规划是解决多阶段决策过程最优控制的一种数学方法[110,111]。多阶段决策就是把多阶段问题按照时间或空间顺序变换为一系列相互联系的单阶段问题，然后逐个加以解决。在每个阶段都需要做出决策，从而使整个过程达到最优。各个阶段决策的选取仅依赖当前阶段的输入状态，从而确定输出状态。当各个阶段决策确定后，就组成一个决策序列，这个决策序列就是解决整个问题的最终方案。多阶段决策过程的最优策略具有这样的性质：无论初始状态和初始决策如何，当把其中的任何一个阶段和状态作为初始级和初始状态时，其余的决策对此也必定是一个最优策略。这就是求解动态规划问题所遵循的贝尔曼最优性原理。

贝尔曼最优性原理为解决多阶段决策过程的寻优问题提供了简便而有效的途径，并为导出动态规划的基本递推方程提供了理论基础。下面分别对单输入单输出离散时间系统和连续时间系统的动态规划方法步骤进行详细介绍。

2.1.1 离散时间系统的动态规划方法

考虑如下离散时间系统的状态方程：

$$x(k+1)=F(x(k),\ u(k),\ k),\ k=0,\ 1,\ \cdots,\ N-1. \tag{2.5}$$

其中，$x(k)\in R^n$ 是 n 维的状态向量且初始状态 $x(0)=x_0$，$u(k)\in R^m$ 是 m 维的控制输入。

系统的性能指标定义为

$$J(x(k))=\sum_{i=k}^{N-1}U(x(k),\ u(k)) \tag{2.6}$$

其中，$U(x(k),\ u(k))$ 是 k 时刻的效用函数。

离散系统最优控制的目标是找到一组控制决策序列 $u^*(k)$，$k=0,\ 1,\ \cdots,\ N-1$ 使性能指标 J 取极小值。假设 $k+1$ 时刻之后所有阶段的最优控制序列 $u^*(k+1)$，$u^*(k+2)$，$\cdots$，$u^*(N-1)$ 都已获得，并且当前 k 时刻内所需的最小代价 $U(x(k),\ u(k))$ 已知，根据贝尔曼最优性原理，k 时刻的最优性能指标 J^* 可表示为如下两部分组成的形式：

$$J^*(x(k))=\min_{u(x(k))}\{U(x(k),\ u(k))+J^*(x(k+1))\} \tag{2.7}$$

相应地，我们可以得到 k 时刻的最优控制 $u^*(k)$ 为

$$u^*(k)=\arg\min_{u(x(k))}\{U(x(k),\ u(k))+J^*(x(k+1))\} \tag{2.8}$$

2.1.2 连续时间系统的动态规划方法

考虑如下连续时间系统的状态方程：

$$\dot{x}(t)=F(x(t),\ u(t),\ t),\ t\geqslant t_0 \tag{2.9}$$

其中，$F(\cdot)\in R^n$ 是任意连续可微函数，$x(t)\in R^n$ 是状态向量且满足初始状态 $x(t_0)=x_0, u(t)\in R^m$ 是控制输入。

连续系统最优控制的目标是寻求容许控制策略集合 Ω 中的策略 $u^*(t)$ 最小化如下性能指标函数

$$J(x(t),\ t)=\int_t^{\infty} l(x(\tau),\ u(\tau))\mathrm{d}\tau \tag{2.10}$$

根据连续系统的最优性原理，上述最优性能指标 J^* 满足如下哈密尔-雅可比-贝尔曼(Hamilton-Jacobi-Bellman, HJB)方程。

$$\begin{aligned}-\frac{\partial J^*(x(t))}{\partial t}&=\min_{u\in U} l(x(t),\ u(t),\ t)+\left(\frac{\partial J^*(x(t))}{\partial x(t)}\right)^{\mathrm{T}} F(x(t),\ u(t),\ t)\\&=l(x(t),\ u^*(t),\ t)+\left(\frac{\partial J^*(x(t))}{\partial x(t)}\right)^{\mathrm{T}} F(x(t),\ u^*(t),\ t)\end{aligned} \tag{2.11}$$

其中，$u^*(t)$ 为最优控制。

通过上述动态规划基本方法的论述，我们可以求解简单的最优控制问题。然而，当动态规划的维数即各阶段上状态变量的维数增加时，动态规划问题的计算量会呈指数倍增长，这大大限制了人们用动态规划研究和求解最优控制的能力，也就是出现所谓的“维数灾”问题。随着智能控制算法的不断发展，基于强化学习原理的动态规划求解方法——自适应动态规划，为高维复杂非线性系统的最优控制提供了一种切实可行的方法和理论。

2.2 自适应动态规划的基本原理

ADP 的核心思想是利用函数近似结构来逼近动态规划方程中性能指标函数和控制策略，使之满足贝尔曼最优性原理，进而获得使性能指标函数最优化的最优控制策略。神经网络(Neuro Networks, NNs)已经成为实现 ADP 算法的常用函数逼近结构，Werbos 采用了两个神经网络近似求解动态规划问题，并得到了很好的效果。因此，自适应动态规划又叫作神经动态规划(Neuro Dynamic Programming, NDP)，随后，Bertsekas 将这种结构广泛应用到非线性系统的最优控制中，为解决非线性问题带来了巨大的突破。本书将 NNs 作为实现 ADP 算法的基本工具[30,112,113]。

自适应动态规划整体结构如图 2.1 所示，主要由三个部分构成：动态系统(Dynamic system)，执行/控制(Action/Control)环节和评价模块(Critic module)。每一部分都可以用神经网络来近似代替，构成模型-执行-评价网络结构。其中，模型网络应对未知动态系统数学模型的建立，执行网络用来近似最优控制策略，评价网络是基于贝尔曼最优性原理近似价值函数。执行网络和评价网络的组合是一个智能体，执行/控制作用于动态系统，评价模块对控制策略和动态系统状态的整体性能做出评价，产生奖励或惩罚作用来影响执行环节，通过执行-评价-执行的循环迭代，使评价模块以输出的代价函数值最小为目标，自适应地调整执行/控制环节并使其输出控制近似最优。这样不仅可以减少前向计算时间，还可以在线响应未知系统的动态变化，使其对网络结构中的某些参数进行自动调整。

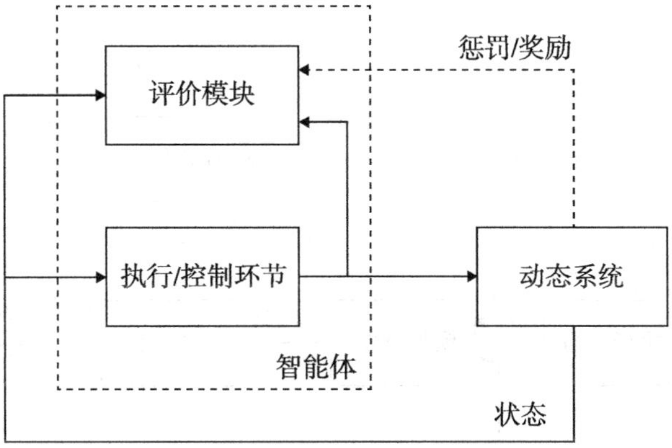

图 2.1 自适应动态规划整体结构

根据上述描述，ADP 主要解决以下两个方面的问题：

(1)选择参数化网络，具备逼近值函数的能力且便于更新。

(2)更新评价部分和控制部分标准的确定及如何安排两者之间的迭代关系。

针对问题(1)的不同选择导致了各种不同的自适应动态规划方法的提出；针对问题(2)不同的设置使自适应动态规划方法具备不同的实现结构。下面，我们针对 ADP 的不同实现结构进行介绍。

2.3 自适应动态规划的基本结构及拓展

2.3.1 基本结构

在实现最优控制的过程中，学者们根据上述整体框架提出了多种 ADP 结构，其中最基本的两种分别是：启发式动态规划(Heuristic Dynamic Programming，HDP)和二次启发式动态规划(Dual Heuristic Dynamic Programming，DHP)[114,115]。这两者的区别主要是评价网络估计求解的对象不同，HDP 是对值函数本身进行估计，而 DHP 是对值函数对状态的偏导进行估计。

1. HDP 结构

HDP 结构在自适应动态规划中普遍使用，是最基本的一种结构，图 2.2 展示了其结构框架。传承了 ADP 的整体结构，HDP 主要由评价-执行-模型三个网络组成。针对离散时间系统(2.5)，评价网络的输入是 k 时刻的系统状态，输出是 $\hat{J}$，它是(2.7) 中值函

数 J 的估计，通过最小如下估计误差平方和实现。

$$\| E_h \| = \sum_k E_h(k) = \frac{1}{2}\sum_k [\hat{J}(k) - U(k) - \hat{J}(k+1)]^2 \quad (2.12)$$

其中，$\hat{J}(k)=\hat{J}(x(k), W_c)$，$W_c$ 为评价网的参数。利用最小二乘或梯度下降求解 $E_h(k)=0$ 时，对于全部时刻 k 可得

$$\hat{J}(k)=U(k)+\hat{J}(k+1) \quad (2.13)$$

对应公式(2.7)。

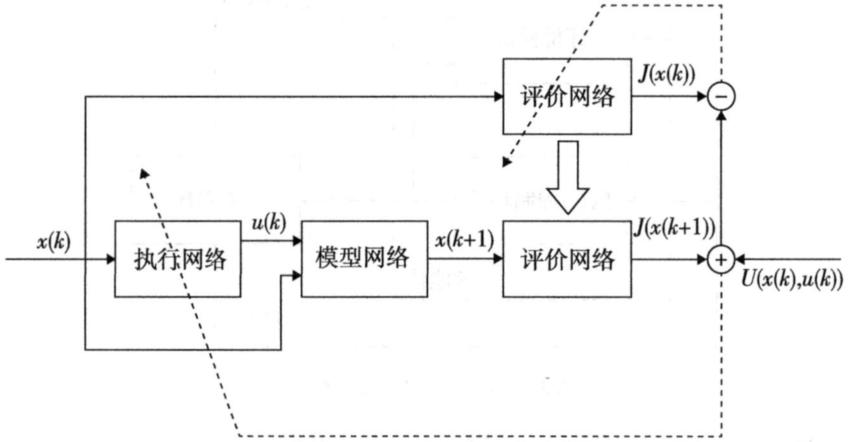

图 2.2　HDP 结构示意

2. DHP 结构

DHP 与 HDP 一样是包含三个神经网络的近似结构，执行网络和模型网络与 HDP 有类似的结构与功能，与 HDP 不同的是，评价网络的输出是值函数对状态的偏微分形式 $\frac{\partial J}{\partial x}$，而不是值函数 J 本身。

最小化如下误差的平方和

$$E_d = \frac{1}{2}\sum_k \left[\frac{\partial \hat{J}(k)}{\partial x(k)} - \frac{\partial r(k)}{\partial x(k)} - \frac{\partial \hat{J}(k+1)}{\partial x(k)}\right]^2 \quad (2.14)$$

当 $E_h(k)=0$ 时，对于全部时刻 k 可得

$$\frac{\partial \hat{J}(k)}{\partial x(k)} = \frac{\partial r(k)}{\partial x(k)} + \frac{\partial \hat{J}(k+1)}{\partial x(k)} \quad (2.15)$$

对于上述两种基本结构，与 HDP 相比，DHP 利用值函数偏微分的形式进行迭代，提高了最优控制求解的精度，但其计算量也相应增加。在实际应用过程中，往往根据控制系统的需求选择合适的结构进行近似最优策略的求解。

3. BP 神经网络结构

实现函数近似的神经网络组成 ADP 基本结构的重要环节，下面以一个 n 维状态向量 m 维控制向量的离散时间系统为例，对 HDP 算法中的 BP 神经网络结构进行简要介绍。

(1)模型神经网络

模型神经网络的结构如图 2. 3 所示，其中，输入神经元的个数为 $n+m$，包括系统$k-1$时刻的 n 个状态变量和控制输入的 m 个变量；隐含神经元的个数为 $k×m$，输出神经元的个数为 n，包括 k 时刻的 n 个状态输出向量。W_{m1} 表示输入层到隐含层的权值，W_{m2} 表示隐含层到输出层的权值。

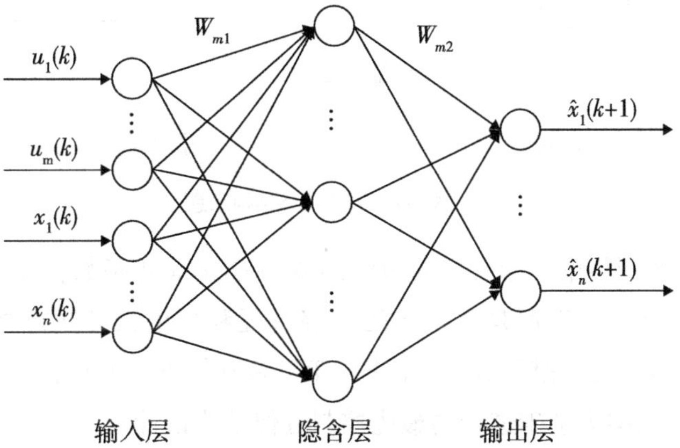

图 2. 3　模型神经网络结构示意

(2)评价神经网络

评价神经网络的结构如图 2. 4 所示，其中，输入神经元的个数为 n，只包含系统$k-1$时刻的 n 个状态变量；隐含神经元的个数为 $k×j$，输出神经元的个数为 1，表示 k 时刻的近似值函数。W_{c1} 表示输入层到隐含层的权值，W_{c2} 表示隐含层到输出层的权值。

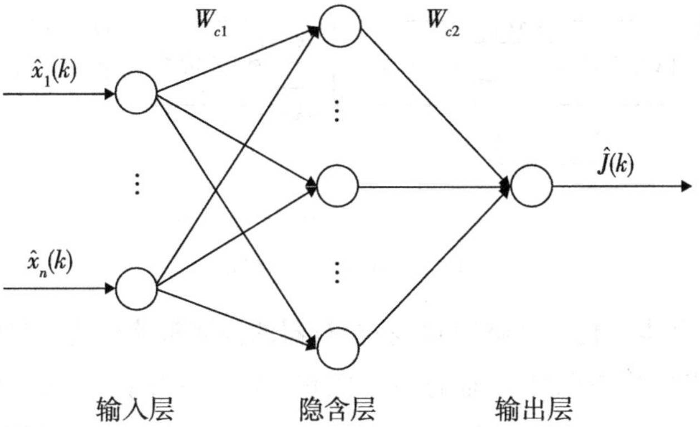

图 2. 4　评价神经网络结构示意

(3)执行神经网络

执行神经网络的结构如图 2. 5 所示，其中，输入神经元的个数为 n，只包含系统$k-1$时刻的 n 个状态变量；隐含神经元的个数为 $k×u$，输出神经元的个数为 m，包括 k 时刻的控制输入 m 个变量。W_{a1} 表示输入层到隐含层的权值，W_{a2} 表示隐含层到输出层的权值。

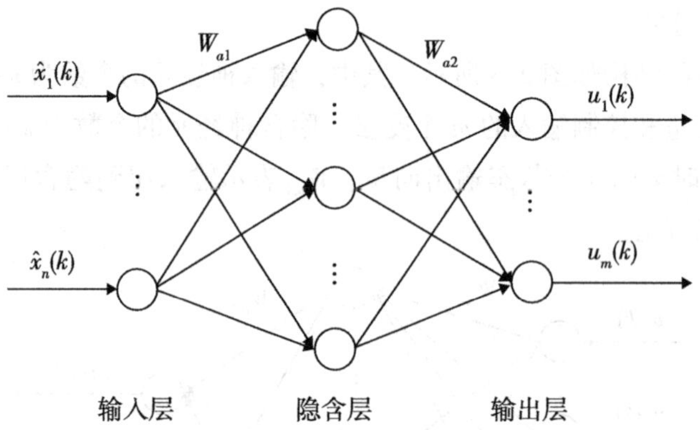

图 2.5 执行神经网络结构示意

在上述三个神经网络中，隐含层的激活函数为 sigmoidal 函数，输出层的激活函数为线性 purelin 函数。训练过程都是由正向的求解过程和权值误差更新的反向传播过程组成。具体的公式推导详见文献[116]。本书中第三章和第五章所提算法的评判网络即以上述 BP 网络的 HDP 结构为基础进行的最优控制近似结构设计。

2.3.2 拓展结构

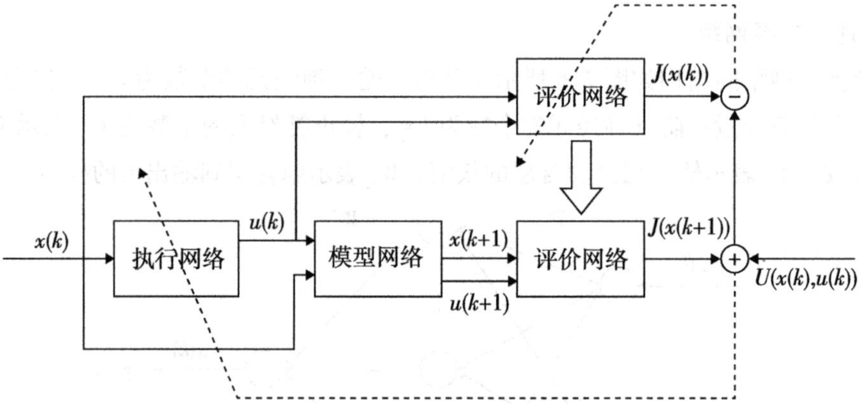

图 2.6 ADHDP 结构示意

基于上述两种基本结构，文献[114]将执行器的控制策略作为评价网络的输入，提出了评价网络同时依赖状态和执行器的动作依赖(Action-Dependent，AD)结构形式，即 ADHDP 和 ADDHP 的近似结构。图 2.6 展示了 ADHDP 结构的示意图。在 ADHDP 结构中，评价网络的输出通常称为 Q 函数，固 ADHDP 又被称为 Q-学习策略，其具体的算法过程可参考文献[117]。在本书中，第六章所提算法的评判网络是以 ADHDP 结构为基础进行的最优控制近似结构设计。

进一步地，文献[117]将 HDP 和 DHP 结构相结合，令评价网络同时估计值函数及其对状态的偏导，设计了贪婪的 DHP(Globalized DHP，GDHP)和执行器依赖的 GDHP(Action-Dependent GDHP，ADGDHP)。以上发展的复杂 ADP 结构通过获取更多信息提高了控制精度，但计算复杂度也随之升高，为了简化结构从而减小计算量，文献[118]剔除结构中的执行网络，提出了单评价网络的 ADP 结构(Single Network Adaptive Critic, SNAC)，并证明了其结构的算法收敛性。SNCA 的结构示意如图 2.7 所示，在本书中，第四章所提算法的评判网络是以单评价网络结构为基础进行的最优控制近似结构设计。

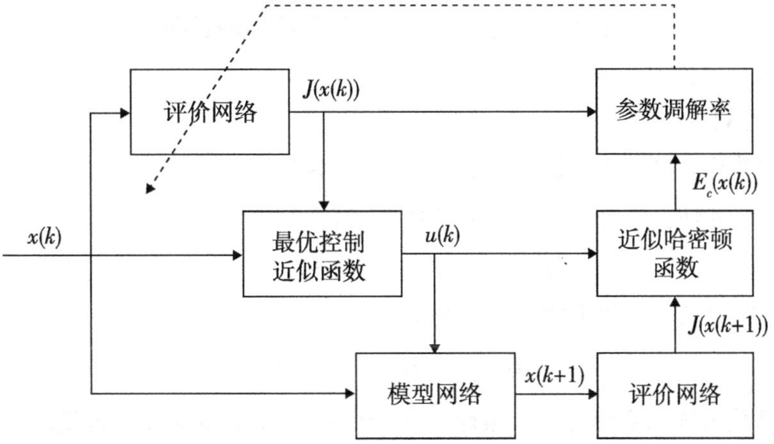

图 2.7 SNAC 结构示意

上述拓展的 ADP 结构通过获得环境对当前动作的奖励/惩罚，即外部环境的激励信号，更新评价网络参数。然而，在实际过程无法获取环境激励信号的情况下，评价网络值函数的近似过程难以实现。文献[59]在评价-执行双网络的基础上增加了目标神经网络，用来估计外部环境对状态和控制产生的激励信号，提出了自学习的动态规划结构。

除此之外，近年来，基于核映射的增强学习方法获得广泛关注[119]。文献[120]中提出的核 ADP 结构将稀疏核机的学习和泛化能力与神经网络的逼近能力相结合，并应用于球-板和倒立摆的控制。结果表明，核 HDP 和核 DHP 在实证和理论上都优于 HDP 和 DHP。基于神经网络的 ADP 方法需要人工选择一组激活函数。然而，这些激活函数在实际设备中没有明确的物理意义，也没有统一直观的选择方法，所选激活功能的质量和适用性尚不得而知。另外，模糊逼近器可以利用设备的先验知识，方便、合理地逼近未知变量。因此，文献[121]将基于模糊双曲线模型的控制器设计方法与自适应控制相结合，提出了模糊 ADP 结构。

2.4 迭代方法分类

自适应动态规划是基于强化学习的思想通过迭代的方式近似求解最优控制的方法。关于 ADP 的主要迭代方式分为两种：策略迭代和值迭代。

以离散时间系统 $x_{k+1}=f(x_k)+g(x_k)u_k$ 为例，最优控制迭代求解步骤如下。

1. 策略迭代 PI 算法

Step 1 初始化：$j=0$，给定容许控制策略 $u^{(j)}$。

Step 2 策略评估：通过下式求取值函数 $J^{j}+1(x_k)$，

$$J^{j+1}(x_k)=r(x_k,\ u_k^j)+J^{j+1}(x_{k+1}) \tag{2.16}$$

Step 3 策略更新：利用下式获得控制策略 $u^{(j+1)}$，

$$u_k^{j+1}=arg\min_{u_k\in U(\Omega)} r(x_k,\ u_k)+J^{j+1}(x_{k+1}) \tag{2.17}$$

其中，$j=0$，1，2，…，表示迭代次数，每一迭代都需要经过第 2 和第 3 的循环交替，当值函数满足收敛条件时，停止迭代。

2. 值迭代 VI 算法

Step 1 初始化：设定初始值函数 $J^{(0)}=0$，初始控制策略 $u_k^{(0)}$。

Step 2 策略评估：通过下式求取值函数 $J^{j+1}(x_k)$，

$$J^{j+1}(x_k)=r(x_k,\ u_k^j)+J^j(x_{k+1}) \tag{2.18}$$

Step 3 策略更新：利用下式获得控制策略 u_k^{j+1}，

$$u_k^{j+1}=arg\min_{u_k\in U(\Omega)} r(x_k,\ u_k)+J^{j+1}(x_{k+1}) \tag{2.19}$$

由上述迭代方式的介绍可得，策略迭代与值迭代基本步骤都包含策略评估和策略更新，最大的区别在于对初始容许控制必要性的要求。

第三章 事件触发机制下输入受限系统的 $H\infty$ 最优控制

作为传统系统控制的一种主要方式，时间触发机制以固定周期对系统状态进行采样并定期更新控制器。然而，在网络化系统控制的应用中，当遇到通信信道窄、计算周期短、能耗低等问题时，有限资源的有效利用被视为控制性能的一个关键因素。事件触发控制策略通过设计事件触发控制器可以减少控制器与执行器之间的通信，利用自适应触发条件来确定采样周期，节省计算量与带宽的同时实现复杂系统控制，因此，得到了越来越多的关注[101-103, 122, 123]。

在事件触发控制的广泛研究中，如何设计一个自适应反馈律，并给出一个合适的触发方案来保证系统的性能是需要解决的关键问题。ADP 作为一种自适应优化的强化学习方法，能够在获得最优控制策略的同时保证系统的最优性能。它避免了 HJI 方程解析的直接求解，被广泛应用于解决最优控制的问题[55,124]。针对一些最优控制问题，如带约束的自适应最优控制、鲁棒最优控制、最优跟踪控制等，考虑各种非线性特性，通常构造执行-评价神经网络结构来进行权值更新策略。其中，执行神经网络逼近最优控制策略以优化性能指标，评价神经网络逼近系统性能指标以选择最优控制律，通过两个网络的相互迭代得到最终的优化控制率。

对于具有外部扰动的鲁棒控制问题，$H\infty$ 控制可以在最坏的扰动情况下通过最小化性能函数来削弱外部扰动的影响。在事件触发机制下，文献[104]将 $H\infty$ 控制问题转化为两个玩家的零和博弈问题，提出了一种在线的事件触发 $H\infty$ 控制策略。在自适应触发条件下，推导了鲁棒的事件触发控制策略。针对通信和带宽有限的跟踪问题，文献[125]提出了一种事件触发跟踪控制方法。文献[126]研究了一种事件触发机制下的优化控制策略，用于具有量化反馈和系统不确定性的非线性纯反馈系统的鲁棒跟踪控制。然而，该方法没有考虑系统的最佳性能问题。为了保证闭环系统的最优性能，Vamvoudakis 等人在文献[70]中提出了一种基于执行-评价神经网络强化学习策略的事件触发最优跟踪控制方法，保证了脉冲模型的渐近稳定，但是，控制系统的外部干扰和输入受限尚未考虑在内。

目前，很少有学者针对事件触发机制下闭环系统资源和输入受限的控制问题进行研究。文献[107]和文献[127]针对存在控制约束的连续时间系统设计了事件触发自适应控制算法。上述算法中的执行网络基于传统 HDP 的近似神经网络结构进行设计，通过间接地将期望的最终目标和来自批评网络的近似函数之间的误差反向传播来调节执行网络权值，并且外部扰动的影响没有被考虑。在执行-评价神经网络结构中，当考虑输入约束时，用于逼近约束控制输入的执行神经网络的设计是复杂的。

在保证系统触发条件稳定的前提下，特别是对于具有外部扰动的系统，需要用更加精确的反向传播误差来调节网络参数。此外，基于事件触发机制的控制约束非线性系统 $H\infty$ 跟踪控制仍然是一个有待解决的问题。基于上述分析，本章提出了一种基于事件触发的鲁棒 $H\infty$ 最优控制策略，适用于具有外部扰动和输入受限的非线性连续时间系统的最优控制，同时将其拓展到解决事件触发的鲁棒跟踪控制问题。

本章的主要内容包括：(1)针对具有扰动且控制输入受限的非线性连续时间系统，提出了一种事件触发机制下考虑折扣因子的 $H\infty$ 控制策略。在保证系统稳定的前提下，设计了考虑系统状态、约束控制输入和外部干扰的自适应触发条件。(2)在所提的触发机制下，基于强化学习方法设计了执行-评价神经网络结构，分别逼近求解事件触发最优约束控制和评估外部干扰下的系统性能。利用 Lyapunov 理论分析了所提算法下闭环系统的一致最终有界稳定性。(3)通过建立增广系统，研究了带输入约束的 $H\infty$ 跟踪控制问题并验证了其优良性能。

3.1　问题描述

考虑含外部扰动的非线性连续时间系统如下：

$$\dot{x}(t)=f(x)+g(x)u(t)+k(x)w(t) \tag{3.1}$$

其中，$x(t)\in R_n$ 是系统的状态向量，$u(t)\in R_m$ 是系统带约束的控制输入，$|u_i|\leqslant\lambda$ 且 λ 是约束的上限，$w(t)\in R_q$ 是系统外部的非线性干扰，$f(x)\in R_n$ 和 $g(x)\in R_{n\times m}$ 是系统的动态函数。假设系统可控可观，$f(x)+g(x)u+k(x)w$ 在集合 $\Omega\subseteq R_n$ 上利普希茨(Lipschitz)连续且满足 $f(0)=0$。

本章的主要目标：在事件触发机制下，针对系统(3.1)设计 $H\infty$ 最优控制率 $u(t)$ 使得系统状态向量 $x(t)$ 在外部干扰条件下达到渐近稳定。由于控制输入是受约束的，因此考虑带有饱和执行器的非线性系统，使受约束控制输入的性能指标 U_Γ 由如下非二次函数表示：

$$U_\Gamma(\mu)=2\lambda\int_0^{\mu}\Gamma^{-\mathrm{T}}(\nu/\lambda)R\mathrm{d}\nu \tag{3.2}$$

其中，μ 是受约束的反馈控制率，$|\mu|\leqslant\lambda$，$R=diag(r_1,\ \cdots,\ r_m)>0$，$\Gamma(\cdot)=\tanh(\cdot)$ 是双曲正切函数。

对上式进行积分求解，可将其转换成如下形式：

$$U_\Gamma(\mu)=2\lambda\mu^{\mathrm{T}}R\Gamma^{-1}(\mu/\lambda)+\lambda^2\tilde{R}\ln(1-(\mu/\lambda)^2) \tag{3.3}$$

其中，1 是元素全为 1 的列向量，$\tilde{R}=[r_1,\ r_2,\ \cdots,\ r_m]\in\mathbb{R}^{1\times m}$。

定义 3.1(L_2增益)：当满足下列不等式时，非线性闭环系统(3.1)的L_2增益小于或等于γ。

$$\frac{\int_t^{\infty} e^{-\alpha(\tau-t)} \| U(\tau) \|^2 \mathrm{d}\tau}{\int_t^{\infty} e^{-\alpha(\tau-t)} \| w(\tau) \|^2 \mathrm{d}\tau} \leqslant \gamma^2 \tag{3.4}$$

其中，$\alpha>0$是折扣因子，γ是从外部干扰$w(t)$到性能函数$U(t)$的衰减量且满足$\gamma>0$，$w\in L_2[0,\infty)$且$\| w(t) \|^2=w^{\mathrm{T}}w$，$\| U(t) \|^2=x^{\mathrm{T}}Qx+U_{\Gamma}(\mu)$。

将上述不等式(3.4)转化成如下形式：

$$\int_t^{\infty} e^{-\alpha(\tau-t)} \| U \|^2 \mathrm{d}\tau \leqslant \gamma^2 \int_t^{\infty} e^{-\alpha(\tau-t)} w^{\mathrm{T}} w \mathrm{d}\tau \tag{3.5}$$

在研究中，通常利用求解L_2增益小于或等于γ的不等式约束解问题来得到系统$H\infty$最优控制。需要注意的是，从L_2增益的不等式条件(3.4)可以看出，从干扰输入到期望性能存在一定的衰减。当条件达到最小值γ^*时，可以满足控制的最优解。然而，γ^*的最佳取值很难有效地获取，在仿真过程中一般选取足够大的γ值来满足这一条件。

3.2 事件触发机制下输入受限系统的$H\infty$控制设计

在本节中，针对系统(3.1)设计了一种新的事件触发机制下的$H\infty$控制策略，提出了事件触发采样机制下含有折扣因子的性能指标函数。基于零和博弈理论建立了基于事件触发机制的HJI方程，并在纳什均衡条件下推导出最优解。

3.2.1 事件触发机制下的HJI方程及其最优解

为了研究事件触发机制下输入受限系统的$H\infty$控制问题，首先推导时间采样机制下控制率的最优解形式。将$H\infty$控制问题转化为二人零和博弈问题，将外部干扰w和输入控制μ作为二人零和博弈的两个决策方，通过最大化外部干扰w同时最小化控制输入μ，得到能使两者达到纳什均衡的最优解。

针对二人零和博弈问题，依据公式(3.5)，含折扣因子的性能指标函数定义为

$$J(\mu, w)=\int_t^{\infty} [e^{-\alpha(\tau-t)}(x^{\mathrm{T}}Qx+U_{\Gamma}(\mu)-\gamma^2 w^{\mathrm{T}}w)]\mathrm{d}\tau \tag{3.6}$$

由$V(x(t))=J(\mu, w)$，可得哈密顿函数如下

$$H(V, \mu, w)\triangleq x^{\mathrm{T}}Qx+U_{\Gamma}(\mu)-\gamma^2 w^{\mathrm{T}}w-\alpha V+V_x^{\mathrm{T}}\dot{x}=0 \tag{3.7}$$

其中，$\dot{x}=f(x)+g(x)\mu(t)+k(x)w(t)$且$V_x=\partial V(x)/\partial x$。

当下列纳什条件成立时，二人零和博弈控制有唯一解。

$$V^*(x(t))=\min_{\mu}\max_{w} V(\mu, w)=\max_{\mu}\min_{w} V(\mu, w) \tag{3.8}$$

由此最优值函数V^*需满足如下HJI方程

$$\min_{\mu}\max_{w} H(V^*, \mu, w)=0 \tag{3.9}$$

为了满足稳态条件 $\partial H(V^*, \mu, w)/\partial\mu=0$ 和 $\partial H(V^*, \mu, w)/\partial w=0$，最优控制输入 μ^* 与外部干扰 w^* 推导如下：

$$\mu^*(x)=-\lambda\Gamma\left(\frac{1}{2\lambda}R^{-1}g^{\mathrm{T}}(x)V_x^*\right) \tag{3.10}$$

$$w^*(x)=\frac{1}{2\gamma^2}k^{\mathrm{T}}(x)V_x^* \tag{3.11}$$

针对事件触发控制机制下输入受限系统的 $H\infty$ 控制，建立基于触发时刻 $\{\xi_j\}_{j=0}^{\infty}$ 的单调递增时间序列采样机制。ξ_j 是第 j 个成功触发采样的时刻，且 $\xi_j<\xi_{j+1}$，$(j=1, 2, \cdots, \infty)$。由此，事件触发时刻的系统状态可由下式表示：

$$\hat{x}_j(t)=x(\xi_j), \quad \forall t\in[\xi_j, \xi_{j+1}) \tag{3.12}$$

由于采样时刻的状态量为离散信号，为实现事件触发机制下的连续控制，采用零阶保持器将采样区间内离散的采样信号转化为连续的输入信号。基于上述的采样规则，事件触发误差动态 $e_{Tj}(t)$ 可由采样时刻状态量与当前时刻状态量的差值表示如下

$$e_{Tj}(t)=\hat{x}_j(t)-x(t), \quad \forall t\in[\xi_j, \xi_{j+1}) \tag{3.13}$$

当事件触发误差在 $t=\xi_j$ 时刻超过触发阈值时，更新触发采样状态 $\hat{x}_j(t)=x(t)$，$t=\xi_j$，并将触发误差 $e_{Tj}(t)$ 重置为零。同时，最优事件触发控制率在新的采样区间内更新为 $\mu(\hat{x}_j)\triangleq u(\hat{x}_j)=u[x(t)+e_{Tj}(t)]$。

由此，系统动态(3.1)可表示为

$$\dot{x}(t)=f(x(t))+g(x(t))\mu(x(t)+e_{Tj}(t))+k(x(t))w(t), \quad \forall t\in[\xi_j, \xi_{j+1}) \tag{3.14}$$

针对上述触发动态系统，$H\infty$ 控制的 L_2 增益不等式约束(3.5)转化为

$$\begin{aligned}&\int_0^{\infty} e^{-\alpha(\tau-t)}\,[\,\|x(\tau)\|_Q^2+U_\Gamma(\mu)\,]\,\mathrm{d}\tau\\&=\sum_{\bigcup_j[\xi_j,\ \xi_{j+1})=[0,\ \infty)}\int_{\xi_j}^{\xi_{j+1}} e^{-\alpha(\tau-t)}\,[\,\|x(\tau)\|_Q^2+U_\Gamma(\mu)\,]\,\mathrm{d}\tau\\&\leqslant\gamma^2\int_0^{\infty} e^{-\alpha(\tau-t)}\,\|w(\tau)\|^2\,\mathrm{d}\tau\end{aligned} \tag{3.15}$$

其中，$\|x(\tau)\|_Q^2=x^{\mathrm{T}}Qx$。

相对应的性能指标函数为

$$J(\mu(\hat{x}_j), w)=\sum_{\bigcup_j[\xi_j,\ \xi_{j+1})=[0,\ \infty)}\int_{\xi_j}^{\xi_{j+1}} e^{-\alpha(\tau-t)}S\mathrm{d}\tau \tag{3.16}$$

其中，$S=\|x(\tau)\|_Q^2+U_\Gamma(\mu)-\gamma^2\|w(\tau)\|^2$。

注释 3.1：满足 L_2 增益不等式约束的输入受限 $H\infty$ 事件触发控制问题可以转化为最小化性能指标函数(3.16)的问题。在本章中，$H\infty$ 控制和 $H\infty$ 跟踪控制都考虑了折扣因子 α 的影响，含幂函数形式折扣因子的性能指标能够减少长远反馈控制对当前代价函数的影响。在 $H\infty$ 跟踪控制中，考虑到增广系统跟踪轨迹的有界性，引入折扣因子能够保

证性能函数不会陷入无穷大。

根据时间采样机制下控制率的最优解(3.10)，事件触发采样时刻的最优控制率表示为

$$\mu^*(\hat{x}_j)=-\lambda\Gamma\left(\frac{1}{2\lambda}R^{-1}g^{\mathrm{T}}(\hat{x}_j)V_x^*(\hat{x}_j)\right),\quad \forall t\in[\xi_j,\ \xi_{j+1}) \tag{3.17}$$

其中，$V_x^*(\hat{x}_j)=\partial V^*(x)/\partial x\mid_{x=\hat{x}_j}$。

考虑外部干扰(3.11)和触发控制率(3.17)，在 $t=\xi_j$ 的触发时刻，时间采样的 HJI 方程转换为事件触发机制下的 HJI 方程，如下式所示。

$$x^{\mathrm{T}}Qx+V^*f-\alpha V^*+U(\mu^*(\hat{x}_j))+V_x^{*\mathrm{T}}g(x)\mu^*(\hat{x}_j)+V_x^{*\mathrm{T}}kk^{\mathrm{T}}V_x^*=0 \tag{3.18}$$

事件触发条件的设计决定了最优控制率触发时刻的选择，在保证系统稳定性的同时还需要考虑输入受限和外部干扰的影响，下面进行自适应触发条件的设计。

3.3.2 考虑干扰和控制约束的触发条件设计及系统稳定性分析

假设 3.1：D^* 在集合 Ω 上是 Lipschitz 连续的，并且满足如下不等式(参考文献[101-103])，

$$\|D^*(x)-D^*(\hat{x}_j)\|\leqslant L_D\|x-\hat{x}_j\|=L_D\|e_{Tj}\| \tag{3.19}$$

其中，$D^*(\hat{x}_j)=\dfrac{1}{2\lambda}R^{-1}g^{\mathrm{T}}(\hat{x}_j)V_x^*(\hat{x}_j)$，$L_D$ 是一个正实数。

定理 3.1：考虑带触发动态的输入受限系统(3.14)，HJI 方程(3.18)的最优值函数为 V^*，$H\infty$ 约束控制输入设计为(3.17)，干扰策略设计为(3.11)，当如下事件触发机制的触发条件得到满足时，闭环系统在 $\alpha=0$ 时具有渐近稳定的平衡点，系统状态在 $\alpha\neq0$ 时一致最终有界。

$$\|e_{Tj}\|^2\leqslant\frac{(1-\hbar)\underline{\lambda}(Q)}{\lambda^2L_D^2\|R\|}\|x\|^2+\frac{U_\Gamma(\mu^*(\hat{x}_j))}{\lambda^2L_D^2\|R\|}-\frac{\|\gamma\|^2}{\lambda^2L_D^2\|R\|}\|w\|^2 \tag{3.20}$$

其中，$0<\hbar<1$ 是一个常参数。

证明：首先，根据值函数的定义公式(3.6)选择 $V^*(x)$ 作为 Lyapunov 函数，并用事件触发控制器在 $\forall t\in[\xi_j,\ \xi_{j+1})$ 对 $V^*(x)$ 求导如下式

$$\dot{V}^*=\frac{\partial V^*}{\partial x}\dot{x}=V_x^{*\mathrm{T}}(f+g\mu^*(\hat{x}_j)+kw^*) \tag{3.21}$$

利用公式(3.7)，式(3.21)的第一部分可写为

$$V_x^{*\mathrm{T}}f=-x^{\mathrm{T}}Qx+\alpha V^*-\lambda^2\bar{R}\ln(\mathbf{1}-\Gamma^2(D^*))-\frac{1}{4\gamma^2}V_x^{*\mathrm{T}}kk^{\mathrm{T}}V_x^* \tag{3.22}$$

通过公式(3.3)可得

$$\begin{aligned}\lambda^2\bar{R}\ln(\mathbf{1}-\Gamma^2(D^*))&=U_\Gamma(\mu^*(x))-2\lambda\mu^{\mathrm{T}}R\Gamma^{-1}(\mu/\lambda)\\&=\int_{\mu^*(\hat{x}_j)}^{\mu^*(x)}2\lambda\Gamma^{\mathrm{T}}(\nu/\lambda)R\mathrm{d}\nu+U_\Gamma(\mu(\hat{x}_j))-\lambda V_x^{*\mathrm{T}}g\Gamma(D^*)\end{aligned} \tag{3.23}$$

利用公式(3.18)，式(3.21)的第一部分可写为

$$V_x^{*\mathrm{T}} g\mu^*(\hat{x}_j)=\int_{\mu^*(x)}^{\mu^*(\hat{x}_j)} 2\lambda D^{*\mathrm{T}} R\mathrm{d}\nu-\lambda V_x^{*\mathrm{T}} g\Gamma(D^*) \tag{3.24}$$

同时，由公式(3.11)可得

$$k^{\mathrm{T}} V_x^*=2\gamma^2 w^{*\mathrm{T}} \tag{3.25}$$

整合公式(3.22)公式(3.24) 和公式(3.25)，式(3.21)可以推导为

$$\dot{V}^*=-x^{\mathrm{T}} Qx+\alpha V^*-\lambda^2 \bar{R}\ln(\mathbf{1}-\Gamma^2(D^*))-\frac{1}{4\gamma^2} V_x^{*\mathrm{T}} kk^{\mathrm{T}} V_x^*+\int_{\mu^*(x)}^{\mu^*(\hat{x}_j)} 2\lambda D^{*\mathrm{T}} R\mathrm{d}\nu-\lambda V_x^{*\mathrm{T}} g\Gamma(D^*)+2\gamma^2 w^{*\mathrm{T}} w^* \tag{3.26}$$

将公式(3.23)带入式(3.26)中可得

$$\dot{V}^*=-x^{\mathrm{T}} Qx-U_{\Gamma}(\mu^*(\hat{x}_j))+\alpha V^*+\gamma^2 w^{\mathrm{T}} w+\int_{\mu^*(x)}^{\mu^*(\hat{x}_j)} 2\lambda\left[\Gamma^{-1}(\nu/\lambda)+D^*\right]^{\mathrm{T}} R\mathrm{d}\nu \tag{3.27}$$

定义 $\nu=-\lambda\Gamma(\omega)$，上式的最后一项可写为

$$\begin{aligned}\int_{\mu^*(x)}^{\mu^*(\hat{x}_j)} 2\lambda\left[\Gamma^{-1}(\nu/\lambda)+D^*\right]^{\mathrm{T}} R\mathrm{d}\nu &\leqslant \int_{D^*(x)}^{D^*(\hat{x}_j)} 4\lambda^2(\bar{\omega}-D^*)^{\mathrm{T}} R\mathrm{d}\bar{\omega}\\ &=2\lambda^2(D^*(\hat{x}_j)-D^*(x))^{\mathrm{T}} R(D^*(\hat{x}_j)-D^*(x))\\ &<2\lambda^2 L_D^2\|R\|\ \|e_{Tj}\|^2\end{aligned} \tag{3.28}$$

将公式(3.27)进行如下变换

$$\begin{aligned}\dot{V}^* &\leqslant -x^{\mathrm{T}} Qx-U_{\Gamma}(\mu^*(\hat{x}_j))+\alpha V+\gamma^2 w^{\mathrm{T}} w+2\lambda^2 L_D^2\|R\|\ \|e_{Tj}\|\\ &\leqslant -\hbar\underline{\lambda}(Q)\|x_2\|-(1-\hbar)\underline{\lambda}(Q)\|x_2\|+\alpha V+\gamma^2 w^{\mathrm{T}} w-U_{\Gamma}(\mu^*(\hat{x}_j))+\\ &\quad 2\lambda^2 L_D^2\|R\|\|e_{Tj}\|^2\end{aligned} \tag{3.29}$$

接下来，依据 α 的取值，分两种不同的情况讨论事件触发闭环系统的稳定性。

当 $\alpha=0$ 时，只要下列不等式对于 $\forall t\in[\xi_j,\ \xi_{j+1})$ 成立，系统就可以得到渐近稳定的解。

$$\|e_{Tj}\|^2\leqslant\frac{(1-\hbar)\underline{\lambda}(Q)}{\lambda^2 L_D^2\|R\|}\|x\|^2+\frac{U_{\Gamma}(\mu^*(\hat{x}_j))}{\lambda^2 L_D^2\|R\|}-\frac{\|\gamma\|^2}{\lambda^2 L_D^2\|R\|}\|w\|^2 \tag{3.30}$$

当 $\alpha\neq0$ 时，参考公式(3.28)和公式(3.29)，V^* 的导数可写为

$$\dot{V}^*\leqslant\alpha V^*(x)-\underline{\lambda}(Q)\|x^2\| \tag{3.31}$$

由于 V^* 定义为正且在紧集 $\Omega=\{V^*(x):\ \sup_{x\in\Omega}\|V^*(x)\|\leqslant V_{\max}\}$ 中，当系统状态 x 满足 $\|x\|\geqslant\sqrt{\dfrac{\alpha V_{\max}}{\underline{\lambda}(Q)}}$ 时，能够得到 $\dot{V}^*<0$。由此可得，系统状态在 $\alpha\neq0$ 时是一致渐近稳定的。证毕。

注释 3.2：通过选择较小的 α 值或增大 Q 矩阵的特征值，可以缩小闭环系统状态的最终界限 $\|x\|\geqslant\sqrt{\dfrac{\alpha V_{\max}}{\underline{\lambda}(Q)}}$。

本章节得到了事件触发机制下考虑输入受限和外部干扰的 HJI 方程，为保证系统稳定性，最优值函数 V^* 的控制输入和干扰策略可通过求解 HJI 方程获得，但由于方程解析解很难直接求，因此在下一章节利用增强学习方法给出了一种在线策略迭代算法，近似逼近 HJI 方程的解。

3.3 事件触发机制下的自适应评判网络设计及稳定性分析

本章节设计了事件触发机制下考虑外部干扰和输入受限的执行-评价神经网络结构，其中包含时间采样的评价神经网络和事件触发的执行神经网络。评价网络用来逼近求解值函数和干扰策略，执行网络用来逼近求解约束控制输入。并对所提算法结构的稳定性进行了分析。

3.3.1 自适应评判网络设计

首先，利用 Weierstrass 高阶逼近定理，评价网络的近似值函数及其导数表示为

$$V^*(x)=W_c^{\mathrm{T}}\varphi_c(x)+\varepsilon_c \tag{3.32}$$

$$\nabla V^*(x)=\nabla\varphi^{\mathrm{T}}(x)W_c+\nabla\varepsilon_c \tag{3.33}$$

其中，W_c 是评价网络从隐含层到输出层的理想权值，$\varphi_c(x)$ 是评价网络的激活函数，ε_c 是评价网络的残差。且满足 $\|W_c\|\leqslant W_{cm}$ $\|\varphi_c(x)\|\leqslant\varphi_{cm}$ $\|\varepsilon_c\|\leqslant\varepsilon_{cm}$。

其次，建立如下执行网络逼近事件触发控制率(3.17)

$$\mu^*(\hat{x}_j)=W_u^{\mathrm{T}}\varphi_u(\hat{x}_j)+\varepsilon_u(\hat{x}_j),\quad\forall t\in[\xi_j,\ \xi_{j+1}) \tag{3.34}$$

其中，W_u 是执行网络从隐含层到输出层的理想权值，$\varphi_u(x)$ 是执行网络的激活函数，ε_u 是执行网络的残差。假设 ε_u 和 $\varphi_u(x)$ 满足 $\varepsilon_u<\varepsilon_{um}$，$\varphi_u(x)<\varphi_{um}$。

最后，分别使用 $\hat{W}_c$ 和 $\hat{W}_u$ 估计神经网络权重 W_c 和 W_u，近似成本函数 $\hat{V}$ 和最优策略 $\hat{\mu}(\hat{x}_j)$ 表示如下：

$$\hat{V}(x)=\hat{W}_c^{\mathrm{T}}\varphi_c(x) \tag{3.35}$$

$$\hat{\mu}(\hat{x}_j)=\hat{W}_u^{\mathrm{T}}\varphi_u(\hat{x}_j),\quad\forall t\in[\xi_j,\ \xi_{j+1}) \tag{3.36}$$

基于公式(3.35)，时间采样的干扰策略 $\hat{W}$ 可写为

$$\hat{W}(x)=\frac{1}{2\gamma^2}k^{\mathrm{T}}(x)\nabla\varphi_c^{\mathrm{T}}(x)\hat{W}_c \tag{3.37}$$

构建完成上述网络逼近结构，接下来对评价网络和执行网络的权值更新率进行设计。

评价神经网络的主要任务是得到评价网络误差 e_c 的最小值，利用平方残差 $E_c=\dfrac{1}{2}e_c^{\mathrm{T}}e_c$，得到评价网络权值的更新率。

考虑输入约束的哈密顿函数可写成

$$H(x,\ \hat{W}_c,\ \hat{\mu}(\hat{x}_j),\ \hat{W})=x^{\mathrm{T}}Qx+U_\Gamma(\hat{\mu}(\hat{x}_j))-\gamma^2\hat{W}^{\mathrm{T}}\hat{W}-\alpha\hat{W}_c^{\mathrm{T}}\varphi_c+\hat{W}_c^{\mathrm{T}}\nabla\varphi_c[f+g\hat{\mu}(\hat{x}_j)+k\hat{W}] \tag{3.38}$$

定义评价网络误差

$$e_c=H(x,\ \hat{W}_c,\ \hat{\mu}(\hat{x}_j),\ \hat{W})=\hat{W}_c^{\mathrm{T}}l+\hat{s} \tag{3.39}$$

其中，$l=\nabla\varphi_c[f+g\hat{\mu}(\hat{x}_j)+k\hat{W}]-\alpha\varphi_c$，$\hat{s}=x^{\mathrm{T}}Qx+U_{\Gamma}(\hat{\mu}^*(\hat{x}_j))-\gamma^2\hat{W}^{\mathrm{T}}\hat{W}$。

得到评价网络权值 $\hat{W}_c$ 的更新率为

$$\dot{\hat{W}}_c=-l_c\frac{\ell}{(\ell^{\mathrm{T}}\ell+1)^2}e_c=-l_c\frac{\ell}{(\ell^{\mathrm{T}}\ell+1)^2}[\hat{W}_c^{\mathrm{T}}\ell+\hat{s}] \tag{3.40}$$

评价网络权值误差 $\tilde{W}_c$ 是真实值与估计值的差值，即 $\tilde{W}_c=W_c-\hat{W}_c$，由此可得 $\tilde{W}_c$ 的动态为

$$\dot{\tilde{W}}_c=-l_c\frac{\ell\ell^{\mathrm{T}}}{(\ell^{\mathrm{T}}\ell+1)^2}\tilde{W}_c+l_c\frac{\ell}{(\ell^{\mathrm{T}}\ell+1)^2}\varepsilon_{dc} \tag{3.41}$$

其中，$\varepsilon_{dc}=-\frac{\partial\varepsilon_c}{\partial x}(f+g\hat{\mu}+k\hat{W})$ 且满足如下界限约束 $\|\varepsilon_{dc}\|\leqslant\varepsilon_{dcm}$。

执行神经网络的主要任务是通过公式(3.36)对控制器进行近似求解，执行网络的逼近误差 e_u 可表示为

$$e_u=\hat{\mu}(\hat{x}_j)-\mu_{\hat{W}_c}=\hat{W}_u^{\mathrm{T}}\varphi_u(\hat{x}_j)+\lambda\tanh\left[\frac{1}{2\lambda}R^{-1}g^{\mathrm{T}}(\hat{x}_j)\nabla\varphi_c^{\mathrm{T}}(\hat{x}_j)\hat{W}_c\right] \tag{3.42}$$

其中，$\mu_{\hat{W}_c}$ 是控制输入，由评价网络权值的估计值 $\hat{W}_c$ 进行逼近。

为了使评价网络的逼近误差 e_u 减小到 0，最小化平方误差值 $E_u=\frac{1}{2}e_u^{\mathrm{T}}e_u$ 从而得到执行神经网络权值 $\hat{W}_u$。由于 $\hat{W}_u$ 只在触发条件(3.20)满足时进行更新，$\hat{W}_u$ 的动态可以通过非周期的分段函数来表示。

当事件触发条件没有得到满足时，评价网络权值更新率为

$$\dot{\hat{W}}_u=0,\quad \xi_j\leqslant t<\xi_{j+1} \tag{3.43}$$

当事件触发条件得到满足时，执行网络权值在 $t=\xi_{j+1}$ 时刻的更新率为

$$\hat{W}_u^+=\hat{W}_u-l_u\frac{\partial E_u}{\partial W_u}=\hat{W}_u-l_u\varphi_u(\hat{x}_j)\left[\hat{W}_u^{\mathrm{T}}\varphi_u(\hat{x}_j)+\lambda\tanh\left(\frac{1}{2\lambda}R^{-1}g^{\mathrm{T}}(\hat{x}_j)\nabla\varphi_c{}^{\mathrm{T}}(\hat{x}_j)\hat{W}_c\right)\right]^{\mathrm{T}} \tag{3.44}$$

其中，l_u 是执行网络的学习率。

由于执行神经网络权值误差 $\tilde{W}_u$ 是真实值与估计值之间的差值，即 $\tilde{W}_u=W_u-\hat{W}_u$，可得到连续权值误差动态和瞬时权值误差动态分别为

$$\begin{aligned}&\dot{\tilde{W}}_u=0, && \xi_j\leqslant t<\xi_{j+1}\\ &\tilde{W}_u^+=\tilde{W}_u-l_u\varphi_u\varepsilon_u^{\mathrm{T}}-l_u\varphi_u\varphi_u^{\mathrm{T}}\tilde{W}_u^{\mathrm{T}}-\lambda l_u\varphi_u[\tanh(\hat{D})-\tanh(D)]^{\mathrm{T}}, && t=\xi_{j+1}\end{aligned} \tag{3.45}$$

其中，$D=\frac{1}{2\lambda}R^{-1}g^{\mathrm{T}}(\hat{x}_j)(\nabla\varphi_c^{\mathrm{T}}W_c+\nabla\varepsilon^{\mathrm{T}})$，$D=\frac{1}{2\lambda}R^{-1}g^{\mathrm{T}}(\hat{x}_j)\nabla\varphi_c^{\mathrm{T}}(\hat{x}_j)\hat{W}_c$。

3.3.2 算法稳定性分析

本章节分析了事件触发机制下 $H\infty$ 控制的闭环系统稳定性，得到了评价网络和执行网络权值估计误差的渐近一致有界结论。根据所设计的事件触发控制策略，建立 Lyapunov 函数进行稳定性分析。需要注意的是，算法的稳定性分析包含两个部分：一个是事件未被触发时，触发间隔 $t\in[\xi_j,\ \xi_{j+1})$，$j\in N$ 内连续动态的稳定性；另一个是事件被触发时，触发时刻 $t=\xi_j$ 跳跃动态的稳定性。为方便分析，给出以下假设。

假设 3.2：在评价网络和执行网络中，激活函数的导数有界，即 $\nabla\varphi_c\leqslant\varphi_{cdm}$，$\nabla\varphi_u\leqslant\varphi_{udm}$；逼近误差的导数有界 $\nabla\varepsilon_c\leqslant\varepsilon_{cdm}$，$\nabla\varepsilon_u\leqslant\varepsilon_{udm}$。

定理 3.2：上述假设成立时，考虑非线性连续时间系统(3.14)，评价网络逼近策略设计为(3.35)，事件触发的控制输入和时间采样的外部干扰分别设计为(3.36)和(3.37)，评价网络和执行网络权值动态设计为(3.40)(3.43)和(3.44)。在如下触发条件下，

$$\|e_{Tj}\|^2=\frac{(1-\hbar)\underline{\lambda}(Q)}{\lambda^2L_D^2\|R\|}\|e_d\|^2+\frac{U_S(\mu^*(\hat{x}_j))}{\lambda^2L_D^2\|R\|}-\frac{\|r\|^2}{\lambda^2L_D^2\|R\|}\|w\|^2 \tag{3.46}$$

当评价网络满足

$$\|\tilde{W}_c\|\geqslant\sqrt{\frac{l_c^2\varepsilon_{Hcm}^2}{4(l_c-1)\lambda(\aleph)}}\triangleq\Pi_{W_c} \tag{3.47}$$

且执行网络满足

$$\|\tilde{W}_u\|\leqslant\frac{\rho_2+\sqrt{\rho_2^2+4\rho_1\rho_3}}{2\rho_1} \tag{3.48}$$

时，系统状态渐近稳定且评价网络和执行网络的权值估计误差是一致最终有界的。其中，$\aleph$，ρ_1，ρ_2 和 ρ_3 是正常数。

证明：定义如下 Lyapunoy 函数 L

$$L=L_x+L_{\hat{x}_j}+L_c+L_u \tag{3.49}$$

其中，L_x，$L_{\hat{x}_j}$，L_c 和 L_u 分别是连续动态、跳跃动态、评价网络和执行网络的 Lyapunov 函数。

针对具有连续动态和跳跃动态的事件触发控制，我们将证明分为两种情况。

(1)事件未被触发，控制系统在 $t\in[\xi_j,\ \xi_{j+1})$，$j\in N$ 内具有连续动态的情况。

在连续的触发间隔 $t\in[\xi_j,\ \xi_{j+1})$，$j\in N$ 内，Lyapunov 函数 L 表示为

$$\begin{aligned}L&=L_x+L_{\hat{x}_j}+L_c+L_u\\&=V^*(x)+V^*(\hat{x}_j)+\frac{l_c^{-1}}{2}tr\{\tilde{W}_c^{\mathrm{T}}\tilde{W}_c\}+\frac{l_u^{-1}}{2}tr\{\tilde{W}_u^{\mathrm{T}}\tilde{W}_u\}\end{aligned} \tag{3.50}$$

在这种情况下，触发时刻的最优值函数和执行网络权重保持不变，由此可得 L 的导数为

$$\dot{L}=\dot{L}_x+\dot{L}_c \tag{3.51}$$

首先，对上式的第一项 $\dot{L}_x$ 推导如下：

$$\dot{L}_x=\dot{V}^*(x)=\frac{\partial V^{*\mathrm{T}}}{\partial x}[f(x)+g(x)\hat{\mu}(\hat{x}_j)+k(x)\hat{W}(x)]$$

参考事件触发条件的证明，由公式(3.22)(3.24)和(3.25)，可得 $\dot{L}_x$ 的展开式如下：

$$\dot{L}_x=-x^{\mathrm{T}}Q_Tx+\alpha V^*-\lambda^2R\ln(\mathbf{1}-\tanh(\hat{D}))-\gamma^2w^{*\mathrm{T}}w^*+\int_{\mu^*(x)}^{\hat{\mu}(\hat{x}_j)}2\lambda\hat{D}^{\mathrm{T}}R\mathrm{d}v+2\gamma^2w^{*\mathrm{T}}\hat{W}-\lambda V_x^{*\mathrm{T}}g\tanh(\hat{D})$$

通过公式(3.23)，上式中 $\lambda^2\bar{R}\ln(\mathbf{1}-\tanh^2(\hat{D}))$ 可写为

$$\lambda^2\bar{R}\ln(\mathbf{1}-\tanh(\hat{D}))=\int_{\mu^*(x)}^{\hat{\mu}(\hat{x}_j)}2\lambda\tanh^{-\mathrm{T}}(v/\lambda)R\mathrm{d}v+U_s(\hat{\mu}(\hat{x}_j))-\lambda V_x^{*\mathrm{T}}g\tanh(\hat{D})$$

利用 Young 不等式 $a^{\mathrm{T}}a+b^{\mathrm{T}}b\geqslant 2a^{\mathrm{T}}b$ 可得

$$-\gamma^2w^{*\mathrm{T}}w^*+2\gamma^2w^{*\mathrm{T}}\hat{W}\leqslant\gamma^2\hat{W}^{\mathrm{T}}\hat{W}$$

由此可得第一项 $\dot{L}_x$ 不等式如下：

$$\dot{L}_x\leqslant -x^{\mathrm{T}}Q_Tx+\int_{\mu^*(x)}^{\hat{\mu}(\hat{x}_j)}2\lambda[\tanh^{-1}(\nu/\lambda)+\hat{D}]^{\mathrm{T}}R\mathrm{d}\nu-U_S(\hat{\mu}(\hat{x}_j))+\alpha V^*+\gamma^2\hat{W}^{\mathrm{T}}\hat{W} \tag{3.52}$$

根据公式(3.28)，上式的第二项推导为

$$\begin{aligned}\int_{\mu^*(x)}^{\hat{\mu}(\hat{x}_j)}2\lambda[\tanh^{-1}(\nu/\lambda)+\hat{D}]^{\mathrm{T}}R\mathrm{d}\nu &\leqslant\int_{D^*(x)}^{\hat{D}(\hat{x}_j)}4\lambda^2(\bar{\omega}-\hat{D})^{\mathrm{T}}R\mathrm{d}\bar{\omega}\\ &=2\lambda^2\{\|\hat{D}(\hat{x}_j)-\hat{D}(x)\|_R^2-\|D^*(x)-\hat{D}(x)\|_R^2\}\\ &\leqslant 2\lambda^2(L_D^2\|R\|\|e_{\mathrm{T}j}\|-\|D^*(x)-\hat{D}(x)\|_R^2)\end{aligned} \tag{3.53}$$

当满足触发条件(3.20)时，可得到

$$\dot{L}_x\leqslant -2\lambda^2\|D^*(x)-\hat{D}(x)\|_R^2<0 \tag{3.54}$$

由此证明了系统状态在这种情况下是渐近稳定的。

接着，对公式(3.51)的第一项 $\dot{L}_c$ 推导如下：

定义 $\aleph=\frac{\hbar}{\hbar^T\hbar+1}$ 在 $[t,\ t+T]$ 区间上存在持续激励 $\int_t^{t+\mathrm{T}}\aleph\aleph^{\mathrm{T}}\mathrm{d}\tau\geqslant\beta I,\ \beta\in R^+$。同时对所有的 $t\geqslant t_0$ 存在 $\aleph_B\in R^+$ 满足 $\max\{|\aleph|,\ |\dot{\aleph}|\}\leqslant\aleph_B$。

如果满足 PE 条件，可得

$$\dot{L}_c\leqslant -l_c\lambda_{\min}(\aleph)\|\tilde{W}_c\|^2+l_c\|\tilde{W}_c\|\varepsilon_{Hcm}$$

利用 Young 不等式，可得

$$\dot{L}_c\leqslant -(l_c-1)\lambda_{\min}(\aleph)\|\tilde{W}_c\|^2+\frac{l_c^2}{4}\varepsilon_{Hcm}^2 \tag{3.55}$$

由于 $l_c>1$ 且 ε_{Hcm} 是正常数，上式中的 $\frac{l_c^2}{4}\varepsilon_{Hcm}^2$ 有界。因此，评价神经网络权值误差有

界且满足

$$\|\tilde{W}_c\| \geqslant \sqrt{\frac{l_c^2\varepsilon_{Hcm}^2}{4(l_c-1)\lambda(\aleph)}} \triangleq \Pi_{W_c} \tag{3.56}$$

通过上述推导可以看出，在事件未触发的情况下，系统状态渐近稳定，具有连续动态的评价网络权值逼近误差一致最终有界。

(2)事件在$\forall t=\xi_{j+1}$时刻被触发，控制系统具有跳跃动态的情况。

根据公式(3.49)，在$\forall t=\xi_{j+1}$的触发时刻，具有跳跃动态的系统 Lyapunov 函数的导数ΔL可写为

$$\Delta L=V^*(x)-V^*(x(\xi_j))+V^*(\hat{x}_{j+1})-V(\hat{x}_j)+\frac{l_u^{-1}}{2}\mathrm{tr}\{\tilde{W}_u^{+T}\tilde{W}_u^+\}-\frac{l_u^{-1}}{2}tr\{\tilde{W}_u(\xi_j)^{\mathrm{T}}\tilde{W}_u(\xi_j)\}+$$
$$V_c(\tilde{W}_c^+)-V_c(\tilde{W}_c(\xi_j)) \tag{3.57}$$

从公式(3.54)可以看出，在触发间隔$t\in[\xi_j,\ \xi_{j+1})$，$j\in N$内$\dot{L}_x\leqslant 0$，由系统状态渐近稳定可得$V^*(x^+)\leqslant V^*(x(\xi_j))$。由于评价权值误差是最终一致有界的，可得$V_c(\tilde{W}_c^+)\leqslant V_c(\tilde{W}_c(\xi_j))$。同时，连续动态的稳定性对于跳变时刻同样适用，因此$V^*(\hat{x}_{j+1})\leqslant V^*(\hat{x}_j)$，进一步整理可得$V^*(\hat{x}_{j+1})-V^*(\hat{x}_j)\leqslant -\kappa\|\hat{e}_{Tj}\|$，其中$\kappa$是一个 K 类函数。

进一步整理公式(3.57)可得ΔL如下：

$$\Delta L\leqslant -\kappa\|\hat{e}_{Tj}\|+\Delta L(\tilde{W}_u) \tag{3.58}$$

对于上式第二项$\Delta L(\tilde{W}_u)$可表示为

$$\Delta L(\tilde{W}_u)=\frac{l_u^{-1}}{2}tr\{\tilde{W}_u^{+T}\tilde{W}_u^+\}-\frac{l_u^{-1}}{2}tr\{\tilde{W}_u(\xi_j)^T\tilde{W}_u(\xi_j)\}$$
$$=-\mathrm{tr}\{\tilde{W}_u(\hat{x}_j)\boldsymbol{\Phi}_u(\hat{x}_j)(\boldsymbol{\Phi}_u^{\mathrm{T}}(\hat{x}_j)\tilde{W}_u(\hat{x}_j)+\boldsymbol{\varepsilon}_u+\lambda\ [\tanh(\hat{D})-\tanh(D)]^{\mathrm{T}})\}+$$
$$\frac{l_u}{2}\mathrm{tr}\{\|\boldsymbol{\Phi}_u(\hat{x}_j)(\boldsymbol{\Phi}_u^{\mathrm{T}}(\hat{x}_j)\tilde{W}_u(\hat{x}_j)+\boldsymbol{\varepsilon}_u+\lambda\ [\tanh(\hat{D})-\tanh(D)]^{\mathrm{T}})\|^2\}$$

整理可得

$$\Delta L(\tilde{W}_u)=-\mathrm{tr}\{\tilde{W}_u(\hat{x}_j)\boldsymbol{\Phi}_u(\hat{x}_j)\boldsymbol{\Phi}_u^{\mathrm{T}}(\hat{x}_j)\tilde{W}_u(\hat{x}_j)\}-\mathrm{tr}\{\tilde{W}_u(\hat{x}_j)\boldsymbol{\Phi}_u(\hat{x}_j)\boldsymbol{\varepsilon}_u\}+$$
$$\mathrm{tr}\{\lambda\tilde{W}_u(\hat{x}_j)\boldsymbol{\Phi}_u(\hat{x}_j)[\tanh(\hat{D})-\tanh(D)]^{\mathrm{T}}\}+$$
$$\frac{l_u}{2}\mathrm{tr}\{\boldsymbol{\Phi}_u(\hat{x}_j)^2((\boldsymbol{\Phi}_u^{\mathrm{T}}(\hat{x}_j)\tilde{W}_u(\hat{x}_j))^2+\boldsymbol{\varepsilon}_u^2+\lambda^2\ [\tanh^{\mathrm{T}}(\hat{D})-\tanh^{\mathrm{T}}(D)]^2+$$
$$2\boldsymbol{\Phi}_u^{\mathrm{T}}(\hat{x}_j)\tilde{W}_u(\hat{x}_j)\boldsymbol{\varepsilon}_u+2\boldsymbol{\Phi}_u^{\mathrm{T}}(\hat{x}_j)\tilde{W}_u(\hat{x}_j)\lambda\ [\tanh(\hat{D})-\tanh(D)]^{\mathrm{T}}+$$
$$2\boldsymbol{\varepsilon}_u\lambda\ [\tanh(\hat{D})-\tanh(D)]^{\mathrm{T}})\} \tag{3.59}$$

由于控制输入是受限的，即$|\mu|<\lambda$，我们可以得到

$$\mathrm{tr}\{\lambda\ |\ \tanh(\hat{D})-\tanh(D)\ |^{\mathrm{T}}\}<Y_{\max} \tag{3.60}$$

其中，$Y_{\max}$是正常数。

整理公式(3.59)可得

$$\Delta L(\tilde{W}_u)\leqslant\left(-\Phi_{u\max}^2+\frac{1}{2}+\frac{l_u}{2}\Phi_{u\max}^4\right)\|\tilde{W}_u(\hat{x}_j)\|^2+(l_u\Phi_{u\max}^3\varepsilon_{u\max}+l_u\Phi_{u\max}^3\Upsilon_{\max})\|\tilde{W}_u(\hat{x}_j)\|+$$

$$\left(\frac{1+l_u}{2}\Phi_{u\max}^2\varepsilon_{\max}^2+\frac{l_u}{2}\Phi_{\max}^2\Upsilon_{\max}^2+l_u\Phi_{\max}^2\varepsilon_{\max}\Upsilon_{\max}^2+\Upsilon_{\max}\right)$$

$$\leqslant-\rho_1\|\tilde{W}_u(\hat{x}_j)\|^2+\rho_2\|\tilde{W}_u(\hat{x}_j)\|+\rho_3 \tag{3.61}$$

其中，

$$\rho_1=\Phi_{u\max}^2-\frac{1}{2}-\frac{l_u}{2}\Phi_{u\max}^4$$

$$\rho_2=l_u\Phi_{u\max}^3\varepsilon_{u\max}+l_u\Phi_{u\max}^3\Upsilon_{\max}$$

$$\rho_3=\frac{(1+l_u)}{2}\Phi_{u\max}^2\varepsilon_{u\max}^2+\frac{l_u}{2}\Phi_{\max}^2\Upsilon_{\max}^2+l_u\Phi_{\max}^2\varepsilon_{\max}\Upsilon_{\max}+\Upsilon_{\max}+\kappa(\|\hat{x}_j\|) \tag{3.62}$$

由此我们可以得出，当 $\tilde{W}_u$ 在紧集 $\Omega=\left\{\tilde{W}_u:\ \|\tilde{W}_u\|>\frac{\rho_2+\sqrt{\rho_2^2+4\rho_1\rho_3}}{2\rho_1}\right\}$ 以外任意取值时，评价网络和执行网络的估计误差是一致最终有界的。

综合上述两种情况的稳定性分析，可证得定理 3.2 的结论。

3.4 事件触发的 H_∞ 最优跟踪控制设计

对于跟踪控制问题，可以将最优跟踪误差作为非线性系统的状态，通过构造由跟踪误差动态和参考信号动态组成的增广系统，将事件触发机制下的 $H\infty$ 最优控制问题转化为事件触发的 $H\infty$ 跟踪控制问题，利用上述章节设计的最优控制率进行求解。事件触发机制下考虑控制约束和外部干扰的 $H\infty$ 最优跟踪控制算法流程如图 3.1 所示。

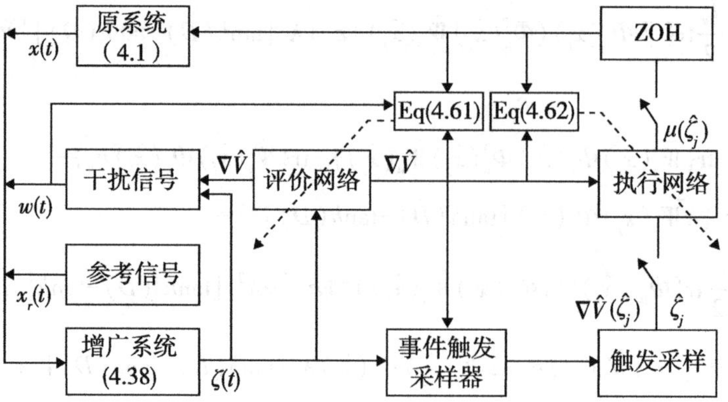

图 3.1 事件触发机制下 H_∞ 最优跟踪控制算法流程

定义如下参考信号动态：

$$\dot{x}_r(t)=r_d(x_r(t)),\ x_r(0)=x_{r0} \tag{3.63}$$

其中，$x_r(t)\in\mathbb{R}^n$ 是有界的参考轨迹，参考轨迹动态 $r_d(x_r(t))$ 是 Lipschitz 连续的且满足 $r_d(0)=0$。

为了跟踪参考轨迹，定义跟踪误差为

$$e_r(t)\triangleq x(t)-x_r(t) \tag{3.64}$$

可得到误差动态如下：

$$\dot{e}_r(t)=f(x)+g(x)u+k(x)w-r_d(x_r(t)) \tag{3.65}$$

由此建立包含跟踪误差和参考轨迹的增广系统如下：

$$\zeta(t)=[e_r(t)^{\mathrm{T}}x_r(t)^{\mathrm{T}}]^{\mathrm{T}}\in R^{2n} \tag{3.66}$$

根据公式(3.63)和公式(3.65)，增广系统的动态可写成

$$\dot{\zeta}(t)=F(\zeta(t))+G(\zeta(t))u(t)+K(\zeta(t))w(t) \tag{3.67}$$

其中，$F(\zeta(t))=\begin{bmatrix}f(e_r+x_r)-r_d(x_r)\\ r_d(x_r)\end{bmatrix}$，$G(\zeta(t))=\begin{bmatrix}g(e_r+x_r)\\ 0\end{bmatrix}$，$K(\zeta(t))=\begin{bmatrix}k(e_r+x_r)\\ 0\end{bmatrix}$。

由上述增广系统动态，可得到与公式(3.20)相对应的跟踪控制触发条件为

$$\|e_{Tj}\|^2=\frac{(1-\hbar)\underline{\lambda}(Q)}{\lambda^2L_D^2\|R\|}\|e_d\|^2+\frac{U_S(\mu^*(\hat{\zeta}_j))}{\lambda^2L_D^2\|R\|}-\frac{\|r\|^2}{\lambda^2L_D^2\|R\|}\|w\|^2 \tag{3.68}$$

相应地，根据公式(3.35)公式(3.36)公式(3.37)，评价网络逼近策略，事件触发跟踪控制率，时间采样的干扰策略可分别表示为

$$\hat{V}^*(\zeta)=\hat{W}^{\mathrm{T}}\varphi_c(\zeta) \tag{3.69}$$

$$\hat{\mu}(\hat{\zeta}_j)=\hat{W}_u^{\mathrm{T}}\varphi_u(\hat{\zeta}_j),\quad \forall t\in[\xi_j,\ \xi_{j+1}) \tag{3.70}$$

$$\hat{W}(\zeta)=\frac{1}{2\gamma^2}K^{\mathrm{T}}(\zeta)\nabla\varphi_c^{\mathrm{T}}(\zeta)\hat{W}_c \tag{3.71}$$

参考公式(3.40)，跟踪控制的评价神经网络权值更新动态可写为

$$\dot{\hat{W}}_c=-l_c\frac{\ell}{\ell^{\mathrm{T}}\ell+1}[\hat{W}_c^{\mathrm{T}}\ell+\hat{s}] \tag{3.72}$$

其中，$\ell=\nabla\varphi_c[F+G\hat{\mu}(\hat{\zeta}_j)+K\hat{W}]-\alpha\varphi_c$，$\hat{s}=\zeta^{\mathrm{T}}Q\zeta+U_\Gamma(\hat{\mu}^*(\hat{\zeta}_j))-\gamma^2\hat{W}^{\mathrm{T}}\hat{W}$。

参考公式(3.43)和公式(3.44)，跟踪控制的执行神经网络权值更新动态写为

$$\begin{aligned}&\dot{\hat{W}}_u=0, && \xi_j\leqslant t<\xi_{j+1}\\ &\hat{W}_u^+=\hat{W}_u-l_u\varphi_u(\hat{\zeta}_j)\left[\hat{W}_u^{\mathrm{T}}\varphi_u(\hat{\zeta}_j)+\lambda\tanh\left(\frac{1}{2\lambda}R^{-1}G^{\mathrm{T}}(\hat{\zeta}_j)\nabla\varphi_c^{\mathrm{T}}(\hat{\zeta}_j)\hat{W}_c\right)\right]^{\mathrm{T}}, && t=\xi_{j+1}\end{aligned} \tag{3.73}$$

3.5 案例及仿真分析

为了验证所提算法的可行性和有效性，本章分别对事件触发机制下含输入约束和外

部干扰的非线性系统 $H\infty$ 控制，线性系统和非线性系统 $H\infty$ 最优跟踪控制三种情况进行仿真分析，达到了较好的控制效果。

3.5.1 单连杆机械臂系统

事件触发机制下非线性系统 $H\infty$ 控制考虑单连杆机械臂系统动态如下：

$$\ddot{\theta}(t)=-\frac{Mgl}{\tilde{G}}\sin(\theta(t))-\frac{\tilde{D}}{\tilde{G}}\dot{\theta}+\frac{1}{\tilde{G}}u(t)+kw(t) \tag{3.74}$$

其中，M 是有效载荷的质量，g 是重力加速度，l 是机械臂的长度，$\tilde{D}$ 是黏性摩擦，$\tilde{G}$ 是惯性力矩。在本仿真中参数定义如下：$M=10\text{kg}$，$g=9.81\text{m/s}^2$，$l=0.5\text{m}$，$\tilde{D}=2\text{N}$，$\tilde{G}=10\text{kg}\cdot\text{m}^2$。

将机械臂的角度位置 $\theta(t)$ 定义为状态 x_1，导数 θ 定义为状态 x_2，由此可得系统动态为

$$\begin{bmatrix}\dot{x}_1\\ \dot{x}_2\end{bmatrix}=\begin{bmatrix}x_2\\ -4.905\sin(x_1)-0.2x_2\end{bmatrix}+\begin{bmatrix}0\\ 0.1\end{bmatrix}u+\begin{bmatrix}1\\ 0\end{bmatrix}w \tag{3.75}$$

其中，$u(t)$ 是受限的控制输入，且满足 $u(t)\leqslant 0.45$，w 是机械振动和电磁干扰，定义为 $w(t)=0.1\exp^{-t}\sin^2(t)$。

事件触发 $H\infty$ 控制算法中的参数设置如下：$Q=diag(10,10)$，$R=0.01$，折扣因子 $\alpha=0.5$，$h=0.8$，$L_D=10$，$\gamma=1$。根据经验选取激活函数向量为 $[x^2, x_1x_2, x^2]$。同时，在仿真的前 4 秒的学习训练过程中加入一个小的探测信号 $o(t)=1000e^{-t}\sin^5(t)\cos(t)+\sin(t)\cos^5(t)$，保证算法满足持续性激励条件。给定初始状态为 $x_0=[0,1]^{\mathrm{T}}$，评价网络和执行网络的学习率分别设置为 $l_c=1.2$ 和 $l_u=0.3$。

利用所提算法处理带有输入约束的非线性系统事件触发 $H\infty$ 最优控制问题，30s 后评价网络和执行网络的权值分别收敛到 $W_c=[0.6927, -1.0069, 0.5739]$ 和 $W_u=[0.2072, 0.2009, 0.1969]$，权值收敛过程如图 3.2 和图 3.3 所示。从图 3.4 可以看出，当两网络权值在 40s 收敛到最优值时，系统状态也渐近稳定到零。在图 3.5 中，受约束的自适应控制率在设定的饱和边界 λ 内以阶跃的形式收敛到最优值。

通过仿真算法，图 3.6 展示了当事件触发误差超过设定阈值时，触发新的采样并进行控制率的更新，触发误差重置为零，同时可以看出事件触发误差随着系统状态的稳定收敛到零。由所提出的事件触发控制与传统时间触发控制的采样频率进行对比，事件触发机制下的状态采样频率 256 远小于时间触发的采样频率 1220，大大降低了数据传输和计算成本。综上所述，上述仿真结果很好地验证了所提出的事件触发 $H\infty$ 控制算法的有效性。

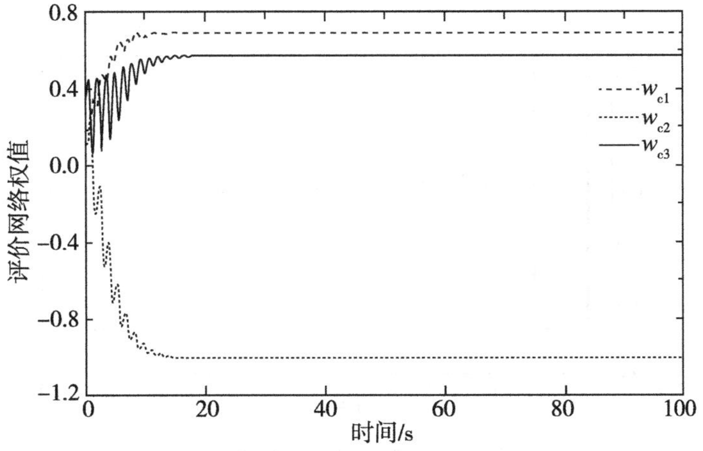

图 3.2　评价网络权值收敛轨迹

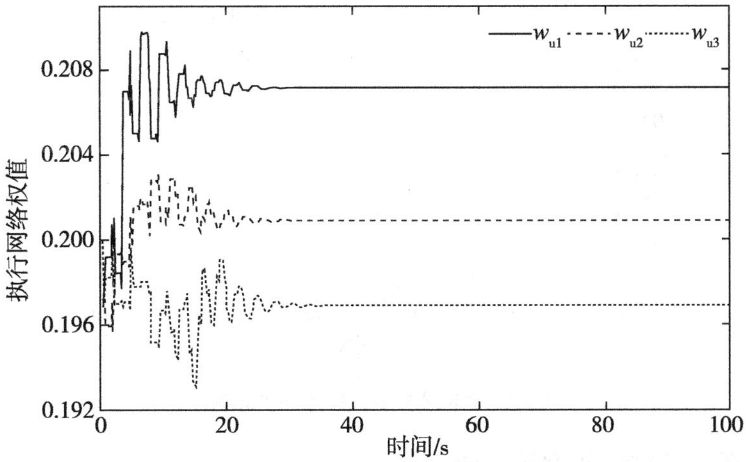

图 3.3　执行网络权值收敛轨迹

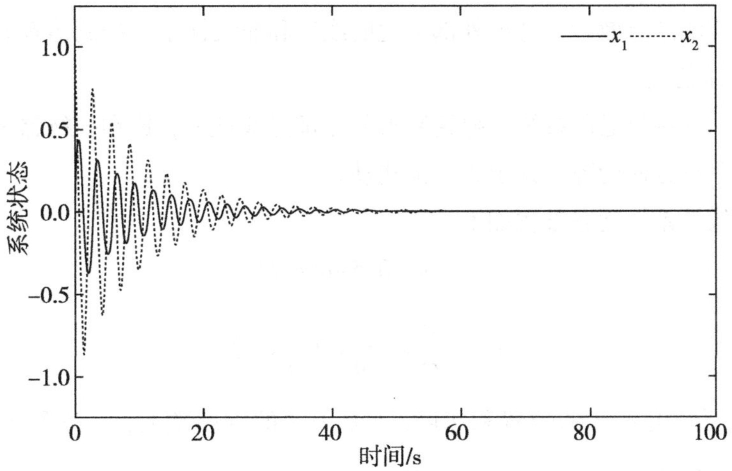

图 3.4　系统状态轨迹

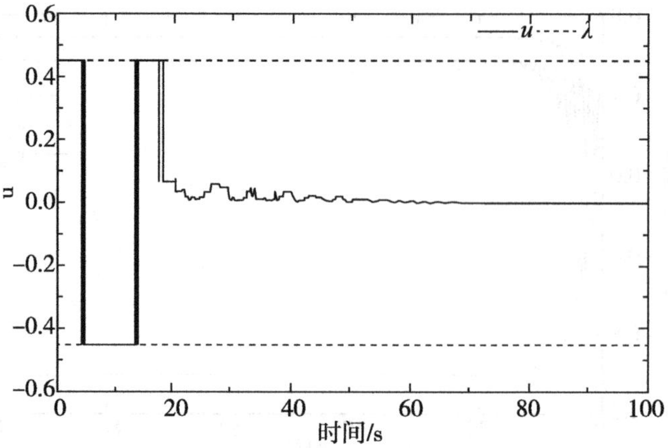

图 3.5　事件触发的约束控制输入

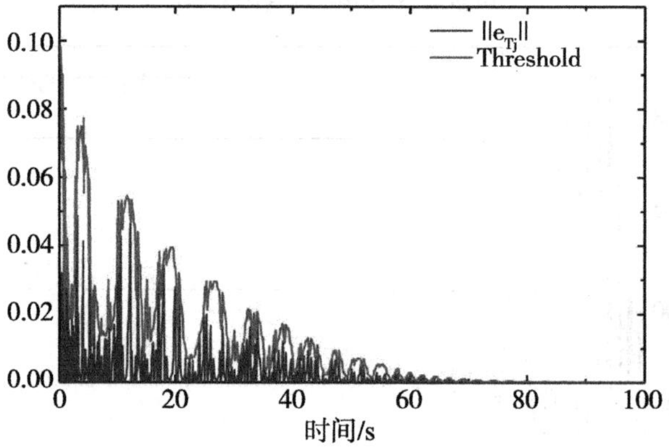

图 3.6　触发误差与触发阈值的变化轨迹

3.5.2　质量-弹簧-阻尼器系统

本节以质量-弹簧-阻尼器系统为例，验证了基于事件触发的 $H\infty$ 最优跟踪算法在饱和约束下控制算法的有效性。考虑外部干扰的线性和非线性系统控制仿真如下。

1. 线性系统仿真

考虑质量-弹簧-阻尼器系统中弹簧和阻尼器都是线性的，饱和执行器约束为 $|u|\leqslant 2$。将沿着弹簧力平行方向的阵风设定为外部扰动。

由此可得线性系统动态方程如下：

$$
\begin{aligned}
\dot{x}_1 &= x_2 + 0.5\sin tw(t) \\
\dot{x}_2 &= -\frac{\tilde{k}}{m}x_1 - \frac{c}{m}x_2 + \frac{1}{m}u(t)
\end{aligned}
\tag{3.76}
$$

其中，x_1 和 x_2 分别是物体的位置和速度，$\tilde{k}$ 是弹簧的刚度常数，c 是系统阻尼，m 是物体的质量。系统参数为 $\tilde{k}=5\mathrm{N/m}$，$c=0.5\mathrm{N\cdot s/m}$，$m=1\mathrm{kg}$。

将 x_1 和 x_2 的参考轨迹设置为 $x_{r1}=0.5\sin(\sqrt{5t})$ 和 $x_{r2}=0.5\sqrt{5}\cos(\sqrt{5t})$，可得增广系

统的动态为

$$\dot{\zeta}=\begin{bmatrix}0 & 1 & 0 & 0\\ -5 & -0.5 & 0 & -0.5\\ 0 & 0 & 0 & 1\\ 0 & 0 & -5 & 0\end{bmatrix}\zeta+\begin{bmatrix}0\\1\\0\\0\end{bmatrix}u+\begin{bmatrix}0.5\sin t\\0\\0\\0\end{bmatrix}w \tag{3.77}$$

其中，初始条件$\zeta(0)=[-1\ 1\ 0.5\ 0.5]$。

在控制算法中，评价网络和执行网络的初始权值全部选定为0.2，学习率分别为$l_c=1.5, l_u=0.029$。性能指标函数中的矩阵参数$Q=100I$，$R=1$，其中I为单位矩阵。其他参数设置如下：$\alpha=0.86$，$\gamma=0.01$，$h=0.99$。前20s在控制输入中加入噪声信号，以满足持续性激励条件。

采用本章设计的最优跟踪控制算法，评价网络和执行网络的更新轨迹如图3.7和图3.8所示，分别收敛于

$$Wc=[4.91\ -2.99\ -7.03\ 0.31\ 1.97\ -1.02\ -0.12\ 1.07\ 0.29]$$

$$Wu=[0.29\ -0.06\ 0.003\ 0.50\ 0.22\ 0.20\ 0.18]$$

系统动态的跟踪轨迹如图3.9和图3.10所示，可以看出，系统状态x_1和x_2在160s处完全跟踪上参考轨迹。图3.11展示了带饱和约束的控制输入随时间变化的轨迹，控制输入被限制在规定的范围内并且在370s后趋于稳定。

2. 非线性系统仿真

假定弹簧的弹力系数是非线性的，即$\tilde{k}=-x_3$，同时饱和控制约束为$|u|\leqslant 4$。可得非线性系统动态如下：

$$\begin{aligned}\dot{x}_1&=x_2+0.5\sin t w(t)\\ \dot{x}_2&=-x_1^3-0.5x_2+u(t)\end{aligned} \tag{3.78}$$

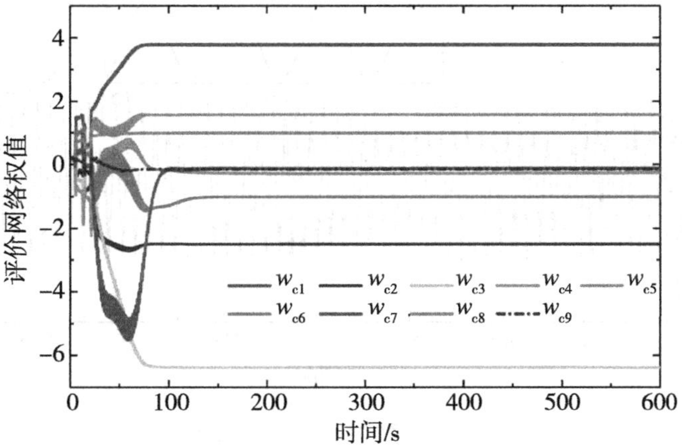

图3.7 评价网络权值收敛轨迹

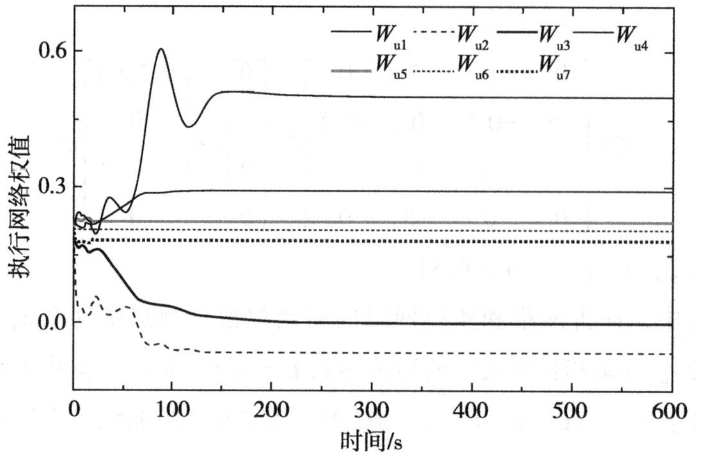

图 3.8 执行网络权值收敛轨迹

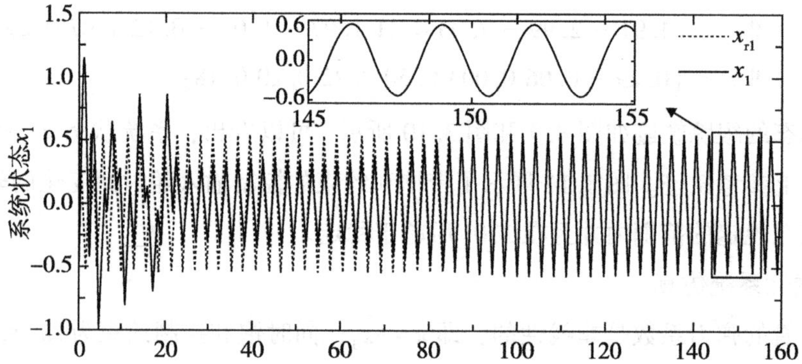

图 3.9 系统状态 x_1 的跟踪轨迹

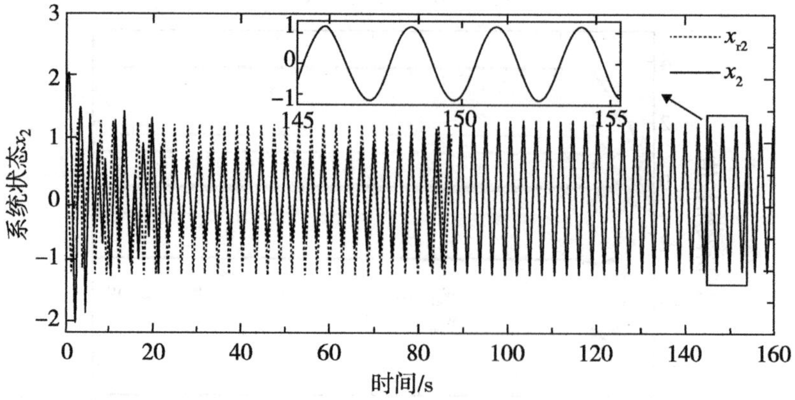

图 3.10 系统状态 x_2 的跟踪轨迹

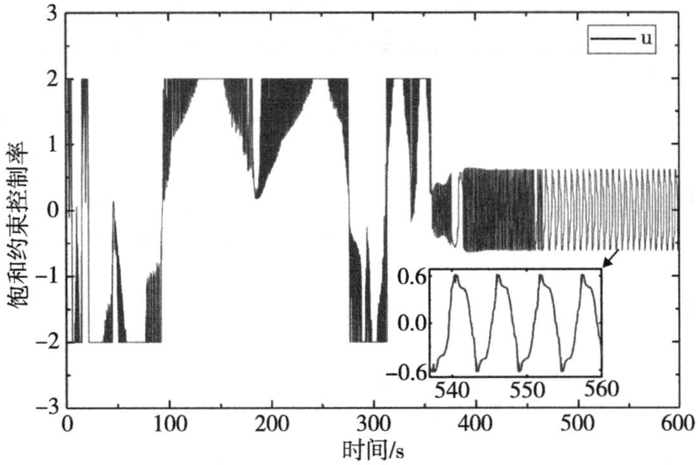

图 3.11 事件触发的饱和约束控制率

为了利用所提出的算法获得带饱和约束的 $H\infty$ 跟踪问题的最优解，选取批评神经网络的权值和激活函数如下：

$$W_c = [w_{c1},\ w_{c2},\ \cdots,\ w_{c9}] \tag{3.79}$$

$$\varphi_c = [x_1^{\ 2},\ x_1x_2,\ x_1x_3,\ x_1x_4,\ x_2^{\ 2},\ x_2x_4,\ x_3x_4,\ x_1^{\ 4},\ x_2^{\ 2}]^{\mathrm{T}} \tag{3.80}$$

在仿真的前 20s，为非线性系统加入持续性激励信号 $o(t) = 7\mathrm{e}^{-0.001t}\sin^2(t)\cos(t)$，从图 3.11 中可以看出，在事件触发最优跟踪控制率下评价网络和执行网络的权值最终收敛到

$$W_c = [17.81 \quad -6.86 \quad 41.43 \quad 23.21 \quad 3.94 \quad -0.96 \quad 21.65 \quad 5.65]$$

$$W_u = [1.55 \quad 1.31 \quad 1.45 \quad 1.52 \quad 1.51 \quad 1.50 \quad 1.49 \quad 1.50]$$

非线性系统的最优跟踪误差收敛到平衡点，如图 3.12 和图 3.13 所示。图 3.14 和图 3.15给出了非线性系统状态的跟踪轨迹，可以看出系统状态 x_1 和 x_2 在 560s 后完全跟踪上了参考信号。饱和约束的控制率在 360s 后趋于稳定，如图 3.16 所示。

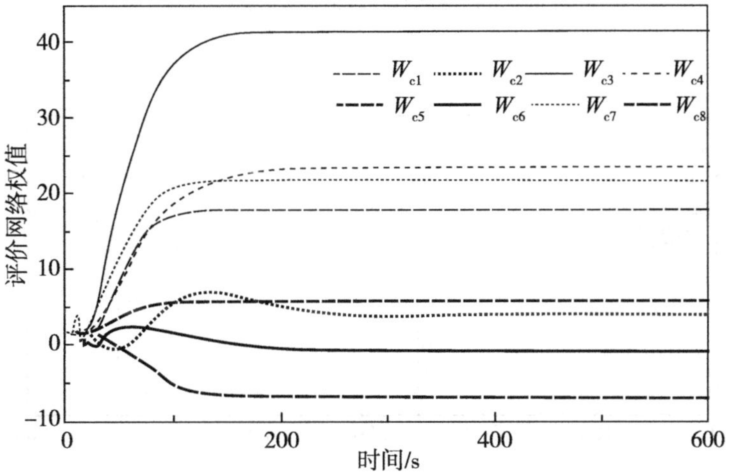

图 3.12 评价网络权值收敛轨迹

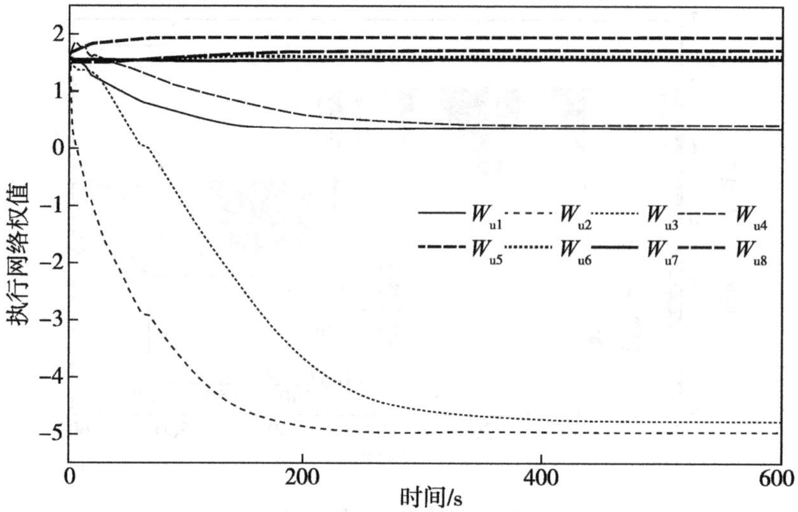

图 3. 13　执行网络权值收敛轨迹

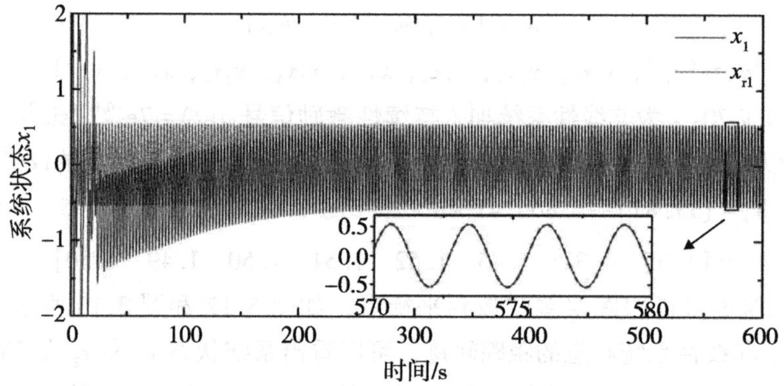

图 3. 14　系统状态 x_1 的跟踪轨迹

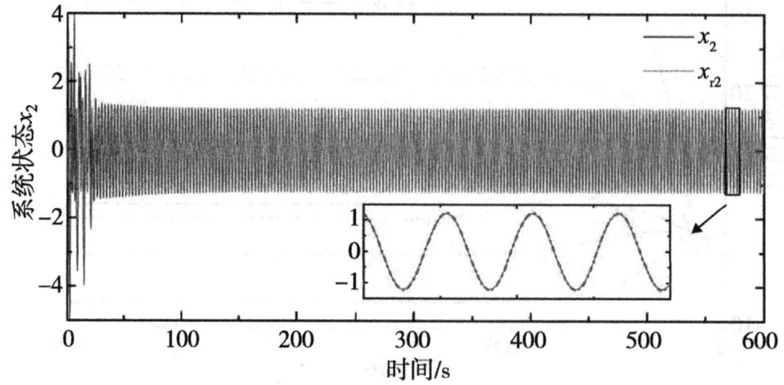

图 3. 15　系统状态 x_2 的跟踪轨迹

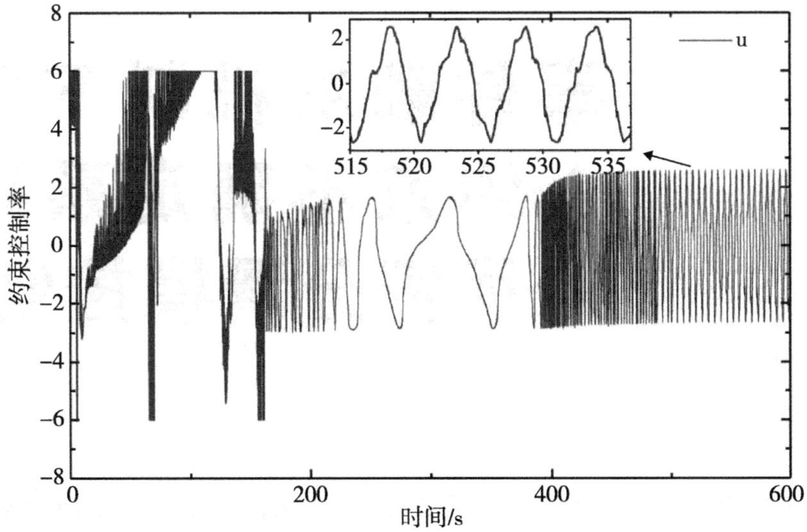

图 3.16 事件触发的饱和约束控制率

3.6 本章小结

针对非线性系统在适当触发条件下的输入约束，提出了一种基于事件触发的鲁棒控制算法。事件触发的 $H\infty$ 控制问题被转换为两人零和对策问题，并对约束输入应用非二次函数。提出了一种行为批评神经网络结构，以近似事件触发 HJI 方程的求解，并利用 Lyapunov 技术对闭环系统进行了稳定性分析。此外，还考虑了基于事件触发器的 $H\infty$ 跟踪控制，并使用具有输入约束的增强非线性系统。仿真分析表明，该方法具有良好的性能。

第四章 事件触发机制下含输入约束不确定系统的最优积分滑模控制

滑模控制作为一种解决系统鲁棒性问题的有效方法，已被广泛应用于含有外部扰动的不确定系统控制。传统滑模控制的目标是设计一种不连续的控制策略，以保证系统的轨迹在有限的时间内到达滑模面，并保持在滑模面上，具有一定的鲁棒性能。近年来，事件触发机制得到了广泛研究，采用基于事件触发机制的滑模控制策略，能够确保滑模控制仅在必要时进行控制的更新，大大缩减了计算量和通信带宽。

针对连续的非线性系统和离散的线性系统，文献[128]和文献[129]利用线性测量误差定义触发规则，提出了一种基于滑模控制的事件触发策略。然而，由于不连续触发瞬间导致滑模控制存在离散形式，并不能保证状态轨迹一直保持在滑动面上，其控制系统的稳定性也难以得到保证。另外，文献[130]研究了线性系统的自触发滑模控制策略，但该文献基于触发规则的系统控制是半全局鲁棒稳定的。考虑全局稳定性，Behera A. K. 在文献[131]中引入了一种依赖采样状态的触发方案，用于含匹配不确定性系统的鲁棒控制。在文献[132]中，针对不确定线性系统提出了一种基于事件触发的量化反馈滑模控制策略，该策略考虑了系统的鲁棒稳定性，同时保证了所设计滑动面的可达性。然而，以上这些研究的系统对象都是线性时不变系统和简单的非线性系统。对于复杂的非线性系统控制，事件触发的滑模控制已经在模糊系统、多机器人系统、网络系统、混合开关系统和随机系统等复杂系统控制中进行了相关研究[133-136]。但对于含有满足匹配条件参数不确定和外部扰动的系统滑模控制，到达滑模面之前的控制性能受系统不确定性影响较大。同时由于没有考虑非线性系统的最优性能，且存在某些特殊的限定条件，如基于经验的 if-then 规则、网络系统的可控性、随机切换系统的稳定性等，限制了其在相关控制领域的应用。

积分滑模控制通过在滑模面中引入积分项，消除了传统滑模控制的到达阶段，使得系统状态一开始就位于滑模面上，削弱了系统匹配不确定扰动对控制性能的影响。对于系统含有非匹配不确定的鲁棒控制，积分滑模控制无法达到最优控制性能，ADP 作为一种有效的强化学习方法，可以通过基于神经网络的结构逼近 HJB 方程的近似最优解来解决滑模控制连续部分的最优化问题。在复杂系统的最优控制过程中，普遍采用执行-评价的双神经网络结构，为了降低结构复杂度，单评价网络结构作为一种新的最优解逼近形式，只构造一个神经网络逼近控制系统代价函数和最优控制策略，减少了神经网络迭代求解的计算量。文献[137]考虑了一种基于自适应执行-评价神经网络结构自适应动态规划策略的鲁棒积分滑模控制方法，从而使具有未知动态的系统控制达到稳定。有学者在文献[138]中提出了一种考虑外部干扰和执行器故障的最优控制方法，该方法采用了 $H\infty$ 控制策略。在上述研究的基础上，文献[139]利用自适应动态规划方法对包含匹配和非匹配干扰的系统进行最优保证性能积分滑模控制，针对非线性约束输入系统设计了最优控制器，减小外部干扰影响的同时保证了系统的最优性能。然而，上述的积分滑模控制策略采用的是周期性更新的时间采样机制，没有进行控制信号的非周期触发采样，不能达到节约控制资源和提高带宽利用率的目的。

正如第一章所述，近年来，许多学者对基于事件触发机制的自适应动态规划最优控制策略进行了广泛研究。对于具有匹配和非匹配干扰、控制约束和系统不确定性等复杂特性的非线性系统的最优控制，设计一种既能减小干扰影响又能保证系统最优性能的滑模控制策略是一个棘手的问题，更不用说同时采用考虑资源节约的事件触发采样方式。同时，在设计保证系统稳定触发条件的同时，最大化时间间隔和避免芝诺现象是事件触发控制需要解决的关键问题。在上述分析的基础上，本章提出了一种事件触发机制下含有匹配和不匹配外部扰动的非线性，输入受限系统的最优积分滑模控制算法，采用自适应动态规划的增强学习策略进行控制的近似求解。

本章的主要内容包括：(1)针对积分滑模控制的复合控制策略设计了由两个触发部分组成的混合触发机制，一个是不连续控制部分的事件触发，通过设计积分滑模控制来消除输入(匹配)扰动的影响。设计了保证系统轨迹收敛于滑动面的不连续控制的触发规则。此外，为了避免芝诺行为，推导出了事件触发间隔时间的下界。(2)通过将含匹配和不匹配扰动的滑模动态问题转化为一个考虑折扣因子的零和博弈问题，设计了输入受限连续控制部分的事件触发，得到了保证系统稳定性的连续控制的触发规则。(3)基于自适应动态规划方法和并行学习策略，设计了一种单评价神经网络结构逼近最优控制。在事件触发条件下更新网络权值，利用 Lyapunov 方法分析滑模动态和网络参数的一致最终有界稳定性。

4.1 问题描述

考虑不确定连续时间非线性系统为

$$\dot{x}(t)=f(x(t))+g(x(t))(u(t)+d_u(t))+k(x(t))\bar{\omega}(t) \tag{4.1}$$

其中，$x(t)\in R_n$ 是可测量的状态向量，$u(t)\in R_m$ 是系统约束为 $\bar{u}$ 的控制输入，$f(x)\in R_n$、$g(x)\in R_{n\times m}$ 和 $k(x)\in R_{n\times q}$ 是已知的系统动态函数。$d_u(t)\in R_m$ 和 $k(x)\in R_{n\times q}$ 分别表示匹配

和不匹配的外部扰动向量。由于不确定向量$k(x)\bar{\omega}(t)$是不匹配扰动，在该系统中定义为$k(x)\neq g(x)$。

在本章中为了便于分析，称$d_u(t)$为输入扰动，$\bar{\omega}(t)$为不匹配扰动，参考文献[138]和文献[139]列出如下假设。

假设4.1：

(1)系统(4.1)是可控和可观测的。

(2)$f(x)+g(x)u$在紧集$\Omega\subseteq R_n$上是Lipschitz连续的，其中，$g(x)$是列满秩函数矩阵，并且对于任意x有界，即$\|g(x)\|\leqslant b_g$。

(3)$g^+(x)\in R_{n\times m}$中，$g(x)$的左伪逆定义为$g^+(x)\triangleq(g^{\mathrm{T}}(x)g(x))^{-1}g^{\mathrm{T}}(x)$并以$\|g^+(x)\|\leqslant b^+$为界。$k(x)$被限定为$\|k(x)\|\leqslant b_k$。同时，$b_g$，$b^+$，$b_k$是已知的正常数。

假设4.2：假设输入扰动$d_u(t)$有界为$d_u(t)\leqslant b_{du}$，且满足$b_{du}>0$和$\|\dot{d}_u(t)\|\leqslant\bar{b}_{du}$。不确定影响$\bar{\omega}(t)\in L_2[0,\infty)$有界为$\|\bar{\omega}(t)\|\leqslant b_{\bar{\omega}}$。此外，可将$k(x)\bar{\omega}(t)$分解为匹配部分和不匹配部分，即$k(x)=g(x)g^+(x)k(x)\bar{\omega}+\bar{\omega}_u$且$\bar{\omega}_u=(I-g(x)g^+(x))k(x)\bar{\omega}$，表示具有适当维数的单位矩阵。

由此，输入扰动和匹配扰动可以表示为$d_u+g(x)g^+(x)k(x)\bar{\omega}$。

在本章中，针对一类具有输入扰动和不匹配扰动的非线性输入受限系统(4.1)，提出了混合事件触发机制下的最优积分滑模控制。针对含有连续和不连续两个控制部分的复合滑模控制器$u=u_d+u_c$，设计由两个触发部分组成的混合事件触发机制。

设计不连续部分的事件触发控制u_d，消除输入扰动和匹配扰动影响，保证系统稳定性的同时使运动状态轨迹保持在滑模流形上。然后，把控制问题可转化为具有不匹配扰动u的事件触发最优控制问题。

为了得到稳定和优化的滑模动态系统，引入事件触发控制率u_c，设计连续控制部分的事件触发自适应动态规划算法，在考虑不匹配扰动的情况下，逼近求解事件触发机制下保证滑模系统最优性能的连续控制部分。

4.2 事件触发的积分滑模控制器设计

4.2.1 滑模控制的事件触发条件设计及稳定性分析

本章节分析不连续控制部分的事件触发机制。在分析事件触发机制之前，先利用时间采样的理论进行初步推导。

对于时间采样控制的情况，积分滑模器设计如下

$$u(t)=u_c(t)+u_d(t) \tag{4.2}$$

其中，u_c是连续控制部分，用于在不匹配扰动下保持滑模稳定并保证最优性能。u_d是用于补偿匹配扰动的不连续控制部分。

因此，积分滑模函数可以写成

$$s(x(t),\ t)=s_0(x)-s_0(x_0)-\int_0^t Q(x(\tau))[f(x(\tau))+g(x(\tau))u_c(x(\tau))]\mathrm{d}\tau \tag{4.3}$$

其中，$s_0(x)\in R_m$，$Q(x(t))=\partial s_0(x(t))/\partial x$。

我们定义 $s(x_0,\ 0)=0$，这表明了系统状态从滑动面开始，同时设计不连续控制部分 $u_d(t)$，用以减小匹配扰动。

积分滑模动态 $\dot{s}(x(t),t)$ 可以表示为

$$\dot{s}(x,\ t)=Q(x)\dot{x}(t)-Q(x)[f(x)-g(x)u_c(t)] \tag{4.4}$$

假设 4.3：假设 $\operatorname{rank}(Q(x)g(x))=m<n$，$\forall x\in Rn$，则 $Q(x)g(x)$ 可逆。

滑模控制的等效控制 u_{deq} 不是直接作用在滑模系统上的控制，而是对滑动模态的一种抽象控制形式。当系统状态在滑模面上运动时，满足 $\dot{s}(x(t),t)=0$，可得滑模系统的等效控制 u_{deq} 为

$$u_{deq}=-d_u-[Q(x)g(x)]^{-1}Q\ (x)_u-g^{+}(x)k(x)\tilde{\omega} \tag{4.5}$$

基于上述等效控制 u_{deq}，不含输入扰动和匹配干扰分量的滑模动态方程可写为

$$\dot{x}=f(x)+g(x)u_c+g_1\ (x)_u \tag{4.6}$$

其中，$g_1(x)=I-g(x)(Q(x)g(x))^{-1}Q(x)$。

由上式可以看出，系统滑模动态不含有匹配扰动，求解上述滑模动态的连续控制部分 u_c 在后文中进行介绍。为了减少矩阵 $g_1(x)$ 的影响并最小化不匹配扰动分量 $g_1(x)\tilde{\omega}_u$，使系统(4.6)具有完全的鲁棒性能，参考文献[139]定义 $Q(x)=g^{+}(x)$，我们可以得到 $g_1(x)\tilde{\omega}_u=\tilde{\omega}_u$。

由此，首先设计如下非连续控制部分的滑模切换率 $u_d(t)$ 来保证系统状态在滑模面上。

$$u_d(t)=-K(x,\ t)\operatorname{sgn}(g^{\mathrm{T}}(x)QT(x)s(x)) \tag{4.7}$$

其中 $K(x,\ t)$ 是一个增益，使状态轨迹保持在滑模面上，$\operatorname{sgn}(g^{\mathrm{T}}(x)QT(x)s(x))\in\mathbb{R}^m$ 是一个符号函数，定义如下：

$$\operatorname{sgn}(a_s)=\begin{cases}1, & a_s>0\\ 0, & a_s=0\\ -1, & a_s<0\end{cases} \tag{4.8}$$

以上是时间采样情况的积分滑模控制率分析，针对事件触发采样的控制，当 $t=t_k$ 时，第 k 采样时刻不连续控制部分的切换率 $u_d(t)$ 转化为 $u_d(t_k)$，如下式所示，并在两个触发间隔 $[t_k,\ t_{k+1})$ 内保持不变。

$$u_d(t_k)=-K\operatorname{sgn}(g^{\mathrm{T}}(x(t_k))Q^{\mathrm{T}}(x(t_k))s(t_k)) \tag{4.9}$$

测量误差由下式给出。

$$
\begin{aligned}
e_{ud}(t) &= u_d(t_k) - u_d(t) \\
&= -K\mathrm{sgn}(g^{\mathrm{T}}(x(t_k))Q^{\mathrm{T}}(x(t_k))s(t_k)) + K\mathrm{sgn}(g^{\mathrm{T}}(x)Q^{\mathrm{T}}(x)s(x))
\end{aligned}
\tag{4.10}
$$

定理 4.1：假设 4.1 和 4.2 成立，考虑非线性系统方程(4.1)，给定滑模动态函数(4.6)，$\rho \in (0, \infty)$ 且复合积分滑模控制的非连续控制部分的事件触发滑模切换率 $u_d(t_k)$ 如公式(4.9)，那么，当满足如下条件时，$u_d(t_k)$ 能够使系统状态保持在滑模面 $S=0$ 上。

$$
f_e(t) = \| e_{ud}(t) \| - \rho \tag{4.11}
$$

其中，$\rho<K-D$，$K>D$。

证明：定义 Lyapunov 函数为 $V_1 = \frac{1}{2}s^{\mathrm{T}}(t)s(t)$，求导可得

$$
\begin{aligned}
\dot{V}_1 &= s^{\mathrm{T}}(t)\dot{s}(t) \\
&= s^{\mathrm{T}}(t)[Q(x(t))[\dot{x}(t) - (f(x(t)) + g(x(t))u_c(t_k))]] \\
&= s^{\mathrm{T}}(t)[Q(x(t))[g(x(t))u_d(t_k) + g(x(t))d_u(t_k) + k(x(t))\bar{\omega}(t)]] \\
&= s^{\mathrm{T}}(t)Q(x(t))g(x(t))[e_u(t) + g^{+}(x(t))k(x(t))\bar{\omega}(t) \\
&\quad + d_u(t_k) - K\mathrm{sgn}g^{\mathrm{T}}(x(t))Q^{T}(x(t))s(t)] \\
&\leqslant |s^{\mathrm{T}}(t)Q(x(t))g(x(t))|[\| e_{ud}(t) \| - K + b_{du} + b_g^{+}b_k b_{\bar{\omega}}] \\
&\leqslant -|s^{\mathrm{T}}(t)Q(x(t))g(x(t))|[K - D - \| e_{ud}(t) \|]
\end{aligned}
\tag{4.12}
$$

其中，$D = b_{du} + b_g^{+}b_k b_{\bar{\omega}}$。

当 $e_{ud} \leqslant \rho$ 满足时，$\dot{V}_1<0$，其中，$\rho<K-D$。

相应地，$s(x)=0$ 是有界稳定的，通过上述不连续控制部分的事件触发，系统的状态在触发时间间隔 $t \in [t_k, t_{k+1})$ 内能够保持在滑模面上。

注释 4.1：前文考虑事件触发技术，分析了积分滑模控制策略的不连续控制部分。系统状态从滑动流形 $s(x(0), 0)=0$ 开始，然后严格地保持在滑动流形 $s(x, t)=0$ 上。以事件触发的方式进行不连续控制部分 $u_d(t_k)$ 的设计，考虑了触发条件来保证 $s(x)$ 的有界稳定性。然而，由于实际应用的局限性，系统的运动轨迹不能精确地保持在滑动流形上，而是保持在某一边界层内，也被称为抖振。在算法的应用过程中，用饱和函数 $\mathrm{sat}(a_s)$ 或双曲正切函数 $\tanh(a_s/\theta)$ 来代替 sign 函数 $\mathrm{sat}(a_s)$ 以消除抖振效应。

4.2.2 事件触发间隔的非平凡性分析

为了避免芝诺现象的出现，基于上述设计的触发条件，下文分析了时间触发间隔存在的最小下界。

定理 4.2：设计不连续控制部分的触发条件为(4.11)，则触发间隔存在如下最小的下界，可以避免芝诺现象的出现。

$$T_f \geqslant \frac{\rho}{\frac{\|K\| n}{\theta}(\|K\|+D)} \tag{4.13}$$

证明：定义 T_f，作为误差从 0 增加到 ρ 的事件触发间隔时间。

在 $t=t_k$ 更新不连续部分控制，且 $e_{ud}(t_k)=0$。在事件触发间隔内 $e_{ud}\leqslant\rho$，以便满足一致性条件。

$$\begin{aligned}\frac{\mathrm{d}\|e_{u_d}(t)\|}{\mathrm{d}t} &\leqslant \left\|\frac{e_{u_d}(t)}{\mathrm{d}t}\right\| \\ &\leqslant \left\|\frac{\mathrm{d}}{\mathrm{d}t}[-K\mathrm{sgn}(g^{\mathrm{T}}(x(t_k))s(t_k)Q^{\mathrm{T}}(x(t_k))s(t_k))+K\mathrm{sgn}(g^{\mathrm{T}}(x)Q^{\mathrm{T}}(x)s(t))]\right\| \\ &\leqslant \left\|\frac{\mathrm{d}}{\mathrm{d}t}[K\mathrm{sgn}(g^{\mathrm{T}}(x)Q^{\mathrm{T}}(x)s(t))]\right\| \end{aligned} \tag{4.14}$$

为了求出符号函数 sign 的导数，用双曲正切函数逼近，如注释 4.1 所示。$\mathrm{sgn}(s(t))\approx\tanh(s(t)/\theta)$，其中 $\theta\gg1$。

将 $Q(x)=G^{+}(x)$ 带入公式(4.14)，可得

$$\begin{aligned}\frac{\mathrm{d}\|e_{u_d}(t)\|}{\mathrm{d}t} &\leqslant \left\|\frac{\mathrm{d}}{\mathrm{d}t}\left[K\tanh\left(\frac{1}{\theta}g^{\mathrm{T}}(x)g(x)(g^{\mathrm{T}}(x)g(x))^{-1}s(t)\right)\right]\right\| \\ &\leqslant \|K\| \left\|\left[I_{n\times n}-\tanh^2\left(\frac{1}{\theta}s(t)\right)\frac{1}{\theta}\dot{s}(t)\right]\right\| \end{aligned} \tag{4.15}$$

根据 $\|I_{n\times n}-\tanh^2(\frac{1}{\theta}s(t))\|\leqslant I_{n\times n}=n$，参考滑模动态(4.4)，我们有

$$\begin{aligned}\frac{\mathrm{d}\|e_{u_d}(t)\|}{\mathrm{d}t} &\leqslant \frac{\|K\| n}{\theta}Q(x)\|g(x)u_d(t_k)+g(x)d_u(t_k)+k(x(t))\tilde{\omega}(t)\| \\ &\leqslant \frac{\|K\| n}{\theta}\|Q(x)g(x)\|\times[\|u_d(t_k)\|+\|d_u(t_k)\|+\|g^{+}(x)k(x(t))\tilde{\omega}(t)\|] \\ &\leqslant \frac{\|K\| n}{\theta}(\|K\|+b_{du}+b_g^{+}b_k b_{\tilde{\omega}}) \end{aligned} \tag{4.16}$$

在初始条件 $e_{ud}=0$ 下求解上式可得

$$\|e_{u_d}(t)\| \leqslant (t-t_k)\frac{\|K\| n}{\theta}(\|K\|+D) \tag{4.17}$$

当满足 $f_e(t)>0\ \|e_{u_d}\|\geqslant\rho$ 时，触发控制，且 $t-t_k\leqslant T_f$。由此可得

$$\rho\leqslant\|e_{u_d}(t)\|\leqslant T_f\frac{\|K\| n}{\theta}(\|K\|+D)$$

$$T_f \geqslant \frac{\rho}{\frac{\|K\| n}{\theta}(\|K\|+D)} \tag{4.18}$$

证毕。

针对闭环系统(4.1)，本章节在定理4.1提出了非连续控制部分的事件触发机制，设计了消除输入扰动并满足系统稳定性的事件触发条件，使系统状态能够保持在滑模面上。并在此基础上提出了定理4.2分析了事件触发区间时间间隔的最小下界，避免了出现芝诺现象。

在下面的章节中，详细介绍了最优积分滑模控制器连续控制部分的事件触发策略，设计了使系统在滑模动态下实现最优性能的事件触发条件，并保证在此条件下系统状态的渐近稳定。

4.3 含滑模动态的最优控制器设计

本章节设计了连续控制部分 u_c，抑制等效的不匹配扰动分量，保证滑模动态系统(4.6)具有接近最佳性能的事件触发稳定性。设计了连续控制部分事件触发条件，并利用单评价神经网络逼近最优策略求解最优控制问题。

4.3.1 连续控制部分的触发条件设计及稳定性分析

根据假设4.3，定义 $Q(x)=g^{+}(x)$，可得滑模动态方程如下：

$$\dot{x}=f(x)+g(x)u_c+\bar{k}(x) \tag{4.19}$$

其中，$\bar{k}=[I-g(x)g^{+}(x)]k(x)$，且由假设4.1和假设4.2可得 $\bar{k}(x)\leqslant\bar{b}_k$。

与章节3.3相同，在进行连续部分触发控制设计之前，建立基于触发时刻 $\{\xi_j\}_{j=0}^{\infty}$ 的单调递增时间序列采样机制。ξ_j 是第 j 个成功触发采样的时刻且 $\xi_j<\xi_{j+1}$，($j=1,2,3,\cdots,\infty$)。

由此可得，事件触发时刻的采样状态为

$$\hat{x}_j(t)=x(\xi_j),\quad \forall t\in[\xi_j,\ \xi_{j+1}) \tag{4.20}$$

触发误差 $e_{u_c}(t)$ 定义为触发采样时刻的状态与当前状态之间的差值，即

$$e_{u_c}(t)=\hat{x}_j(t)-x(t),\quad \forall t\in[\xi_j,\ \xi_{j+1}) \tag{4.21}$$

我们可以看出，事件触发时系统在 $t=\xi_j$ 进行状态采样，触发误差 e_{u_c} 重置为0，连续部分控制器 $u_c(\hat{x}_j)=u_c[x(t)+e_{u_c}(t)]$ 在触发时刻进行更新，并在触发间隔 $t\in[\xi_j,\ \xi_{j+1})$ 内保持不变，直至下一个事件触发采样发生。利用零阶保持器，使 $u_c(\hat{x}_j)$ 保持为连续的控制输入信号。

将 $u_c(\hat{x}_j)$ 带入滑模动态(4.19)，可以得到

$$\dot{x}(t)=f(x(t))+g(x(t))u_c(x(t)+e_{u_c}(t))+\bar{k}(x(t))(t),\quad \forall t\in[\xi_j,\ \xi_{j+1}) \tag{4.22}$$

本节的目标是针对含有输入受限和不匹配干扰分量的滑模动态系统(4.22)的鲁棒最优控制问题，得到一个考虑事件触发机制的反馈控制率 u_c，保证滑模动态的最优性能及鲁棒稳定性。

考虑饱和执行器对滑模动态的影响，定义如下由非二次函数表示的性能指标 U_F：

$$U_F(u_c)=2\lambda\int_0^{u_c}F^{-\mathrm{T}}(\mu/\lambda)R\mathrm{d}\mu \tag{4.23}$$

其中，$\lambda \leqslant \bar{u}-K$ 是连续控制部分的约束界，且 $F(\cdot)=\tanh(\cdot)$ 是双曲正切函数。

积分求解上式可得

$$U_F(u_c)=2\lambda\mu^{\mathrm{T}}RF-1(u_c/\lambda)+\lambda^2\bar{R}\ln(1-(u_c/\lambda)^2) \tag{4.24}$$

其中，$R\in R_{n\times n}$，$\bar{R}=[r_1, r_2, \cdots, r_m]\in R_{1\times m}$。

首先分析时间采样的情况，满足如下 $L2$ 增益

$$\int_t^{\infty}(x^{\mathrm{T}}Qx+U_F(u_c))\mathrm{d}\tau \leqslant \gamma^2\int_t^{\infty}\bar{\omega}^{\mathrm{T}}\bar{\omega}\mathrm{d}\tau \tag{4.25}$$

其中，$\gamma>0$ 表示从外部干扰 $w(t)$ 到性能函数 $U(t)$ 的衰减量，Q 是正的对角矩阵。

参考文献[138]基于零和博弈决策理论，我们考虑滑模动态(4.19)的时间采样 $H\infty$ 最优控制问题，通过解决最大化不匹配干扰同时最小化控制输入的零和博弈进行最优控制率的求解。

定义性能指标函数为

$$J(u_c, \bar{\omega})=\int_0^{\infty}(x^{\mathrm{T}}Qx+U_F(u_c)-\gamma^2\bar{\omega}^{\mathrm{T}}\bar{\omega})\mathrm{d}\tau \tag{4.26}$$

对于任意的容许控制 u_c 和 $\bar{\omega}$，可得滑模动态的代价函数为

$$V(x)=\int_t^{\infty}(x^{\mathrm{T}}Qx+U_F(u_c)-\gamma^2\bar{\omega}^{\mathrm{T}}\bar{\omega})\mathrm{d}\tau \tag{4.27}$$

Hamiltonian 函数可写为

$$H(V, u_c, \bar{\omega})\triangleq x^{\mathrm{T}}Qx+U_F(u_c)-\gamma^2\bar{\omega}^{\mathrm{T}}\bar{\omega}+V_x^{\mathrm{T}}\dot{x}=0 \tag{4.28}$$

其中，$\dot{x}=f(x)+g(x)u_c(t)+\bar{k}(x)(t)$，$V_x=\partial V(x)/\partial x$。

考虑二人零和博弈对策的唯一解，应满足如下纳什均衡条件

$$V^*(x(t))=\min_{u_c}\max_{\bar{\omega}}V(u_c, \bar{\omega})=\max_{\bar{\omega}}\min_{u_c}V(u_c, \bar{\omega}) \tag{4.29}$$

由此，我们得到 HJI 方程为

$$\min_{u_c}\max_{\bar{\omega}}H(V, u_c, \bar{\omega}) \tag{4.30}$$

为了满足如下平稳性条件 $\partial H(V, uc, \bar{\omega})/\partial u_c=0$ 和 $\partial H(V, uc, \bar{\omega})/\partial\bar{\omega}=0$，约束控制率和扰动可表示为

$$u_c^*(x)=-\lambda F\left(\frac{1}{2\lambda}R^{-1}g^{\mathrm{T}}(x)V_x^*\right) \tag{4.31}$$

$$\bar{\omega}^*(x)=\frac{1}{2\lambda^2}\bar{k}^{\mathrm{T}}V_x^* \tag{4.32}$$

对于事件触发的情况，性能指标函数(4.26)可以推导为

$$J(u_c(\hat{x}_j), \bar{\omega})=\sum_{\bigcup_j[\xi_j, \xi_{j+1})=[0, \infty)}\int_{\xi_j}^{\xi_{j+1}}(x^{\mathrm{T}}Qx+U_F(u_c(\hat{x}_j))-\gamma^2\bar{\omega}^{\mathrm{T}}\bar{\omega})\mathrm{d}\tau \tag{4.33}$$

当事件触发时，连续控制部分 u_c 进行更新，用触发采样状态 $\hat{x}_j$ 代替状态 x。由此，控制率(4.31)可以写为

$$u_c^*(t)=-\lambda F\left(\frac{1}{2\lambda}R^{-1}g^{\mathrm{T}}(\hat{x}_j)V_x^*(\hat{x}_j)\right),\quad \forall t\in[\xi_j,\ \xi_{j+1}) \tag{4.34}$$

其中，$V_x^*(\hat{x}_j)=\partial V^*(x)/\partial x|_{x=\hat{x}_j}$。

整合公式(4.28)、公式(4.32)和公式(4.33)，触发采样时刻 $t=\xi_j$ 时事件触发机制下的 HJI 方程表示为

$$x^{\mathrm{T}}Qx+V_x^*f+U_F(u_c^*(\hat{x}_j))+V_x^{*\mathrm{T}}g(x)u_c^*(\hat{x}_j)+\frac{1}{4\gamma^2}V_x^{*\mathrm{T}}\bar{k}\bar{k}^{\mathrm{T}}V_x^*=0 \tag{4.35}$$

假设 4.4：$\aleph^*$ 在集合 Ω 上是 Lipschitz 连续的且满足如下不等式

$$\|\aleph^*(x)-\aleph^*(\hat{x}_j)\|\leqslant L_{\aleph}\|x-\hat{x}_j\|=L_{\aleph}\|e_{u_c}\| \tag{4.36}$$

其中，$\aleph^*(\hat{x}_j)=\frac{1}{2\lambda}R^{-1}g^{\mathrm{T}}(\hat{x}_j)V_x^*(\hat{x}_j)$，$L_{\aleph}$是一个实数。

定理 4.3：对于滑模动态系统(4.6)，性能指标为(4.26)，假设 HJI 方程唯一最优解 $V^*(x)$，设计连续控制部分的事件触发控制率为(4.34)，不匹配干扰输入 $\bar{\omega}^*$ 为(4.32)，那么当如下事件触发条件满足时，闭环系统(4.1)渐近稳定。

$$\|e_{u_c}\|^2\leqslant\frac{[(1-\alpha)\lambda(Q)\|x\|^2+U_F(u_c^*(\hat{x}_j))-\|\gamma\|^2\|\bar{\omega}\|^2]}{\lambda^2L_{\aleph}^2\|R\|} \tag{4.37}$$

其中，$0<\alpha<1$ 是一个常值参数。

证明：对于连续控制部分的事件触发控制率 $u_c(t)$，$\forall t\in[\xi_j,\ \xi_{j+1})$，选择 $V^*(x)$ 作为 Lyapunov 函数进行系统稳定性证明。

对 $V^*(x)$ 进行求导，可得 $\dot{V}^*(x)$ 为

$$\dot{V}^*=\frac{\partial V^*}{\partial x}\dot{x}=V_x^{*\mathrm{T}}f+V_x^{*\mathrm{T}}gu_c^*(\hat{x}_j)+V_x^{*\mathrm{T}}\bar{k}\bar{\omega}^* \tag{4.38}$$

利用公式(4.35)，上式中的第一项 $\dot{V}^*(x)f$ 可写为

$$V_x^{*\mathrm{T}}f=-x^{\mathrm{T}}Qx-\lambda^2\bar{R}\ln(\mathbf{1}-F^2(\aleph^*))-\frac{1}{4\gamma^2}V_x^{*\mathrm{T}}\bar{k}\bar{k}^{\mathrm{T}}V_x^* \tag{4.39}$$

根据公式(4.24)，我们可以得到

$$\begin{aligned}\lambda^2\bar{R}\ln(\mathbf{1}-F^2(\aleph^*))&=U_F(u_c^*(x))-2\lambda u_c^{\mathrm{T}}RF^{-1}(u_c/\lambda)\\&=\int_{u_c^*(\hat{x}_j)}^{u_c^*(x)}2\lambda F^{-\mathrm{T}}(v/\lambda)R\mathrm{d}v+U_F(u_c^*(\hat{x}_j))-\lambda V_x^{*\mathrm{T}}gF(\aleph^*)\end{aligned} \tag{4.40}$$

根据公式(4.33)、公式(4.38)中导数 $\dot{V}^*(x)$ 的第一项可写为

$$V_x^{*\mathrm{T}}gu_c^*(\hat{x}_j)=\int_{u_c^*(x)}^{u_c^*(\hat{x}_j)}2\lambda\aleph^{*\mathrm{T}}R\mathrm{d}v-\lambda V_x^{*\mathrm{T}}gF(\aleph^*) \tag{4.41}$$

同时，由公式(4.32)可得

$$\bar{k}^{\mathrm{T}}V_x^*=2\gamma^2\bar{\omega}^{*\mathrm{T}} \tag{4.42}$$

将公式(4.39)、公式(4.41)和公式(4.42)带入公式(4.38)中，$\dot{V}^*$ 可以推导为

$$\dot{V}^* = -x^{\mathrm{T}}Qx - \lambda^2\bar{R}\ln(\mathbf{1}-F^2(\aleph^*)) - \frac{1}{4\gamma^2}V_x^{*\mathrm{T}}\bar{k}\bar{k}^{\mathrm{T}}V_x^* + \int_{u_c^*(x)}^{u_c^*(\hat{x}_j)} 2\lambda\aleph^{*\mathrm{T}}R\mathrm{d}\mu - \lambda V_x^{*\mathrm{T}}gF(\aleph^*) + 2\gamma^2\bar{\omega}^{*\mathrm{T}}\bar{\omega}^* \tag{4.43}$$

同时，将公式(4.40)带入公式(4.43)，我们可得

$$\dot{V}^* = -x^{\mathrm{T}}Qx - U_F(u_c^*(\hat{x}_j)) + \gamma^2\bar{\omega}^{\mathrm{T}}\bar{\omega} + \int_{u_c^*(x)}^{u_c^*(\hat{x}_j)} 2\lambda[F^{-1}(\mu/\lambda)+\aleph^*]R\mathrm{d}\mu \tag{4.44}$$

根据定义 $\mu=-\lambda F(o)$，上式的最后一项可以转化为

$$\begin{aligned}\int_{u_c^*(x)}^{u_c^*(\hat{x}_j)} 2\lambda[F^{-1}(\mu/\lambda)+\aleph^*]R\mathrm{d}\mu &\leqslant \int_{\aleph^*(x)}^{\aleph^*(\hat{x}_j)} 4\lambda^2[o-\aleph^*]^{\mathrm{T}}R\mathrm{d}\mu \\ &= 2\lambda^2(\aleph^*(\hat{x}_j)-\aleph^*(x))^{\mathrm{T}}R(\aleph^*(\hat{x}_j)-\aleph^*(x)) \\ &\leqslant 2\lambda^2L_{\aleph}^2\|R\|\|e_{u_c}\|\end{aligned} \tag{4.45}$$

综上所述，Lyapunov 函数的导数 $\dot{V}^*$ 可推导为

$$\begin{aligned}\dot{V}^* &\leqslant -x^{\mathrm{T}}Qx-U_F(u_c^*(\hat{x}_j))+\gamma^2\bar{\omega}^{\mathrm{T}}\bar{\omega}+2\lambda^2L_{\aleph}^2\|R\|\|e_{u_c}\| \\ &\leqslant -\alpha\underline{\lambda}(Q)\|x\|^2-(1-\alpha)\underline{\lambda}(Q)\|x\|^2+\gamma^2\bar{\omega}^{\mathrm{T}}\bar{\omega}-U_F(u_c^*(\hat{x}_j))+2\lambda^2L_{\aleph}^2\|R\|\|e_{u_c}\|\end{aligned} \tag{4.46}$$

将触发条件(4.11)代入式(4.46)，我们可以得到对于 $\forall t\in[\xi_j,\xi_{j+1})$，Lyapunov 函数的导数小于零，从而保证了滑模动态的渐近稳定性。证毕。

4.3.2 事件触发的自适应评判网络设计

为了实现上述连续控制部分含控制约束的事件触发控制率，同时保证系统稳定性，在下文中设计了单评价神经网络结构的增强学习算法，通过求解滑模动态的 HJI 方程(4.35)逼近最优值函数 V^*、系统最优控制 u_c 以及干扰。

1. 事件触发的神经网络逼近结构

利用 Weierstrass 高阶逼近定理，设计如下神经网络对 $V^*(x)$ 和 $V_x^*(x)$ 进行逼近。

$$V^*(x)=W^{\mathrm{T}}\varphi(x)+\varepsilon \tag{4.47}$$

$$V_x^*(x)=\nabla\varphi^{\mathrm{T}}(x)W+\nabla\varepsilon \tag{4.48}$$

其中，W 表示评价神经网络隐含层与输出层之间的权值，且满足 $W\leqslant W_{\max}$。$\varphi(x)$ 和 ε 分别是评价网络的激活函数和逼近误差，$\varphi(x)\leqslant\varphi_{\max}$ 且 $\varepsilon\leqslant\varepsilon_{\max}$。

通过估计评价网络权值 W，最优代价函数 $V^*(x)$ 的逼近值可写为

$$V_x^*(x)=\hat{W}^{\mathrm{T}}\varphi(x) \tag{4.49}$$

其中，$\hat{W}$ 是权值 W 的估计值，估计误差定义为真实值与估计值的差值，即 $\tilde{W}=W-\hat{W}$。

由此可得连续控制部分事件触发控制率 $u_c^*(\hat{x}_j)$ 和时间触发干扰 $\bar{\omega}^*$ 如下：

$$\hat{u}_c^*(t)=-\lambda F\left(\frac{1}{2\lambda}R^{-1}g^{\mathrm{T}}(\hat{x}_j)\nabla\varphi^{\mathrm{T}}(\hat{x}_j)\hat{W}\right),\quad \forall t\in[\xi_j,\xi_{j+1}) \tag{4.50}$$

$$\hat{\bar{\omega}}^*(x)=\frac{1}{2\gamma^2}\bar{k}^{\mathrm{T}}\nabla\varphi^{\mathrm{T}}(x)\hat{W} \tag{4.51}$$

整合不连续控制部分的滑模切换控制率 $u_d(t_k)$，混合事件触发机制的 $H\infty$ 积分滑模控制可表示为

$$u(t)=-K\mathrm{sgn}(g^{\mathrm{T}}(x(t_k))Q^{\mathrm{T}}(x(t_k))s(t_k))-\lambda F\left(\frac{1}{2\lambda}R^{-1}g^{\mathrm{T}}(x(t))\nabla\varphi^{\mathrm{T}}(x(t))\hat{W}\right) \tag{4.52}$$

其中，$t\in[t_k,\ t_{k+1})$。

注释 4.2：上述连续控制部分的最优事件触发控制律 u_c 需要在算法最初进行求解，消除不匹配干扰分量，得到具有最优和镇定性能的滑模动态 4.19。然后，将得到的最优控制与事件触发的不连续控制部分 u_d 一起针对闭环系统进行控制，以确保系统状态保持在滑动面上。

HJI 方程可写为

$$H(x,\ W)=x^{\mathrm{T}}Qx+U_F(u_c(\hat{x}_j))+W^{\mathrm{T}}\nabla\varphi(x)(f+gu_c(\hat{x}_j)+\bar{k}\bar{\omega})-\gamma^2\bar{\omega}^{\mathrm{T}}\bar{\omega}\triangleq\varepsilon_H \tag{4.53}$$

其中，$\varepsilon_H=-(\nabla\varepsilon(x))^{\mathrm{T}}[f+gu_c(\hat{x}_j)+\bar{k}\bar{\omega}]$ 且有界，$\varepsilon_H\leqslant\varepsilon_{Hm}$。

HJI 方程的近似形式为

$$\begin{aligned}H(x,\ W)&=x^{\mathrm{T}}Qx+U_F(\hat{u}_c(\hat{x}_j))+\hat{W}^{\mathrm{T}}\nabla\varphi(x)(f+g\hat{u}_c(\hat{x}_j)+\bar{k}\hat{\bar{\omega}})-\gamma^2\hat{\bar{\omega}}^{\mathrm{T}}\hat{\bar{\omega}}\\&=\ell+W^{\mathrm{T}}\delta\\&=e_H\end{aligned} \tag{4.54}$$

其中，$\ell=x^{\mathrm{T}}Qx+U_F(\hat{u}_c(\hat{x}_j))-\gamma^2\hat{\bar{\omega}}^{\mathrm{T}}\hat{\bar{\omega}}$，$\delta=\nabla\varphi(x)(f+g\hat{u}_c(\hat{x}_j)+\bar{k}\hat{\bar{\omega}})$。

整合公式(4.53)和公式(4.54)，可得剩余误差为

$$e_H=-\tilde{W}^{\mathrm{T}}[f+g\hat{u}_c(\hat{x}_j)+\bar{k}\hat{\bar{\omega}}]+\varepsilon_H \tag{4.55}$$

在增强学习的单网络结构中，利用并行学习方法来保证持续性激励条件，通过最小化如下的平方误差来得到 e_H 的最小值

$$E=\frac{1}{2}\left(e_H^{\mathrm{T}}(t)e_H(t)+\sum_{t_p}^{N}e^{\mathrm{T}}(t_p)e(t_p)\right) \tag{4.56}$$

其中，$e(t_p)=\ell_p+\hat{W}^{\mathrm{T}}(t)\delta_p$ 是 $t_p\in[\xi_j,\ \xi_{j+1})$，$j\in N$ 时存储的历史采样数据，$\ell_p=x^{\mathrm{T}}(t_p)Qx(t_p)+U_F(\hat{u}_c(\hat{x}_j))-\gamma^2\hat{\bar{\omega}}^{\mathrm{T}}(x_p)\hat{\bar{\omega}}(x_p)$，$\delta_p=\nabla\varphi(x_p)(f(x(t_p))+g(x(t_p))\hat{u}_c(\hat{x}_j)+k(x(t_p))\hat{\bar{\omega}}(t_p))$，$N$ 是存储的采样数量。

由此，权值 $\hat{W}$ 的调节率表示为

$$\begin{aligned}\dot{\hat{W}}&=-\sigma\frac{\delta}{(\delta^{\mathrm{T}}\delta+1)^2}e_H-\sigma\sum_{t_p=1}^{N}\frac{\delta}{(\delta_p{}^{\mathrm{T}}\delta_p+1)^2}e(t_p)\\&=-\sigma\frac{\delta}{(\delta^{\mathrm{T}}\delta+1)^2}[\hat{W}^{\mathrm{T}}\delta+\ell]-\sigma\sum_{t_p=1}^{N}\frac{\delta}{(\delta_p{}^{\mathrm{T}}\delta_p+1)^2}[\hat{W}^{\mathrm{T}}\delta_p+\ell_p]\end{aligned} \tag{4.57}$$

其中，$\sigma \in \mathbb{R}^+$表示神经网络学习率，能够反映权值的收敛速度。

由于权值误差 $\tilde{W}=W-\hat{W}$，权值误差的导数 $\dot{\tilde{W}}$ 可以写为

$$\dot{\tilde{W}}=-\sigma \frac{\delta}{(\delta^{\mathrm{T}}\delta+1)^2}[\delta^{\mathrm{T}}\tilde{W}+\varepsilon_H]-\sigma \frac{\delta_p}{(\delta_p{}^{\mathrm{T}}\delta_p+1)^2}[\delta_p^{\mathrm{T}}\tilde{W}+\varepsilon_H(t_p)] \tag{4.58}$$

由此，我们就得到了神经网络权值的更新动态。

2. 闭环系统稳定性分析

针对上述单评价网络结构的事件触发增强学习控制率求解算法，分析其考虑输入约束和不匹配干扰下闭环系统的稳定性。本章节利用 Lyapunov 稳定性定理，对事件触发机制下系统状态和单评价神经网络逼近误差的一致最终有界稳定进行证明。

下文分两种情况对积分滑模控制中连续控制部分 u_c 的系统稳定性进行分析，一个是事件未被触发时，触发间隔 $t\in[\xi_j, \xi_{j+1})$，$j\in N$ 内连续动态的稳定性，另一个是事件被触发时，触发时刻 $t=\xi_j$ 跳跃动态的稳定性。

所有假设成立，可得到如下定理。

定理 4.4：针对滑模动态系统(4.19)，设计连续控制部分的事件触发控制率为(4.50)，干扰输入为(4.51)，评价神经网络权值更新策略为(4.58)，则当满足如下触发条件

$$\| e_{u_c} \|^2 \leqslant \frac{(1-\alpha)\lambda(Q)\ \| x \|^2+U_F(u_c^*(\hat{x}_j))-\| \gamma \|^2\ \| \bar{\omega} \|^2}{\lambda^2 L_{\aleph}^2\ \| R \|} \tag{4.59}$$

且不等式条件

$$\| \tilde{W} \| \geqslant \sqrt{\frac{\sigma^2\varepsilon_{Hm}^2}{4(\sigma-1)\lambda(Y)}} \triangleq \Xi_W \tag{4.60}$$

成立时，闭环系统状态和网络权值估计误差是一致最终有界稳定的。

证明：考虑两种触发情况，分别是事件未触发时触发间隔内的连续动态，以及事件触发时刻的跳跃动态。

(1)事件未触发时触发间隔内的连续动态

对于 $\forall t\in[\xi_j, \xi_{j+1})$，连续触发间隔内的 Lyapunov 函数 L 定义为

$$L=L_x+L_{\hat{x}_j}+L_c=V^*(x)+V^*(\hat{x}_j)+\frac{\sigma^{-1}}{2}\mathrm{tr}\{\tilde{W}^{\mathrm{T}}\tilde{W}\} \tag{4.61}$$

在 $\forall t\in[\xi_j, \xi_{j+1})$ 内，跳变动态的值函数保持不变，因此导数 $\dot{L}$ 可表示为

$$\dot{L}=\dot{L}_x+\dot{L}_c \tag{4.62}$$

上式的第一项可写为

$$\dot{L}_x=\dot{V}^*(x)=V_x^{*\mathrm{T}}[f(x)+g(x)\hat{u}_c(\hat{x}_j)+\bar{k}(x)\hat{\bar{\omega}}(x)]$$

将公式(4.39)、公式(4.41)和公式(4.42)带入上式，$\dot{L}_x$ 可以转化为

$$\dot{L}_x = -x^{\mathrm{T}}Qx - \lambda^2\bar{R}\ln(\mathbf{1}-\tanh^2(\hat{\aleph})) - \gamma^2\bar{\omega}^{*\mathrm{T}}\bar{\omega}^{*} + \int_{u_c^*(x)}^{\hat{u}_c(\hat{x}_j)} 2\lambda\,\hat{\aleph}^{\mathrm{T}}R\mathrm{d}\mu + 2\gamma^2\bar{\omega}^{*\mathrm{T}}\hat{\bar{\omega}} - \lambda V_x^{*\mathrm{T}}g\tanh(\hat{\aleph}) \tag{4.63}$$

根据公式(4.40)，上式的第一项可以写为

$$\lambda^2\bar{R}\ln(\mathbf{1}-\tanh^2(\hat{\aleph})) = \int_{u_c^*(x)}^{\hat{u}_c(\hat{x}_j)} 2\lambda\tanh^{-\mathrm{T}}(\mu/\lambda)\mathrm{d}\mu - \lambda V_x^{*\mathrm{T}}g\tanh(\hat{\aleph}) + U_F(\hat{u}_c(\hat{x}_j))$$

同时，依据杨氏不等式定理 $a^{\mathrm{T}}a+b^{\mathrm{T}}b\geqslant 2a^{\mathrm{T}}b$，我们可得

$$-\gamma^2\bar{\omega}^{*\mathrm{T}}\bar{\omega}^{*}+2\gamma^2\bar{\omega}^{*\mathrm{T}}\hat{\bar{\omega}}\leqslant\gamma\hat{\bar{\omega}}^{\mathrm{T}}\hat{\bar{\omega}}$$

由此，状态相关的 Lyapunov 函数分量(4.63)可以转化为

$$\dot{L}_x \leqslant -x^{\mathrm{T}}Qx + \int_{u_c^*(x)}^{\hat{u}_c(\hat{x}_j)} 2\lambda\left[\tanh^{-1}(\mu/\lambda)+\hat{\aleph}\right]^{\mathrm{T}}R\mathrm{d}\mu - U_F(\hat{u}_c(\hat{x}_j)) + \gamma^2\hat{\bar{\omega}}^{\mathrm{T}}\hat{\bar{\omega}} \tag{4.64}$$

参考公式(4.45)，上式中第一部分可以写成

$$\begin{aligned}
&\int_{u_c^*(x)}^{\hat{u}_c(\hat{x}_j)} 2\lambda\left[\tanh^{-1}(\mu/\lambda)+\hat{\aleph}\right]^{\mathrm{T}}R\mathrm{d}\mu \\
&\leqslant \int_{\aleph^*(x)}^{\hat{\aleph}(\hat{x}_j)} 4\lambda^2\left[o+\hat{\aleph}\right]^{\mathrm{T}}R\mathrm{d}\bar{\omega} \qquad (4.65)\\
&= 2\lambda^2\left[\|\hat{\aleph}(\hat{x}_j)-\hat{\aleph}(x)\|_R^2 - \|\aleph^*(x)-\hat{\aleph}(x)\|_R^2\right] \\
&\leqslant 2\lambda^2\left[L_{\aleph}^2\|R\|\|e_{u_c}\| - \|\aleph^*(x)-\hat{\aleph}(x)\|_R^2\right]
\end{aligned}$$

当满足触发条件(4.59)时，将(4.65)带入(4.64)中，可得关于 $\dot{L}_x$ 的不等式为

$$\dot{L}_x\leqslant -2\lambda^2\|(\aleph^*(x)-\hat{\aleph}(x))\|_R^2<0 \tag{4.66}$$

由此，我们可以得到系统状态是渐近稳定的。

接下来，我们分析网络权值动态的稳定性，定义区间 $[t, t+T]$ 上的持续性激励 $\beta=\dfrac{\delta}{\delta^T\delta+1}$，且满足 $\int_t^{t+\mathrm{T}}\beta^{\mathrm{T}}\beta\mathrm{d}\tau\geqslant\zeta I$，$\zeta\in\mathbb{R}^+$。当 $t\geqslant t_0$ 时，存在 $\zeta_B\in\mathbb{R}^+$，使得 $\max\{|\beta|, |\dot{\beta}|\}\leqslant\beta_B$ 成立。

当持续性激励条件满足时，我们有

$$\dot{L}_c\leqslant -\alpha\lambda_{\min}(\beta)\|\tilde{W}\|^2+\alpha\|\tilde{W}\|\varepsilon_{Hcm}$$

基于杨氏不等式，我们可得 $\dot{L}c$ 的下界如下：

$$\dot{L}_c\leqslant -(\alpha\lambda_{\min}(\beta)-1)\|\tilde{W}\|^2+\frac{\alpha^2}{4}\varepsilon_{Hcm}^2 \tag{4.67}$$

令 $\alpha>1/\lambda_{\min}(\beta)$ 且 ε_{Hcm} 是正常数，则上式的最后一项 $\frac{\alpha^2}{4}\varepsilon_{Hcm}^2$ 有界，可以得到 $\|\tilde{W}\|$ 的

下界如下：

$$\|\tilde{W}\| \geqslant \sqrt{\frac{\alpha^2\varepsilon_{Hm}^2}{4(\alpha\lambda_{\min}(\beta)-1)}} \triangleq \Xi_W \tag{4.68}$$

由此，我们得到了事件未触发时，出发间隔内连续动态的状态渐近稳定以及神经网络权值估计误差 $\tilde{W}$ 的最终一致有界。

(2)事件触发时刻的跳跃动态

在触发时刻即 $\forall t\in[\xi_j,\ \xi_{j+1})$，根据事件触发时刻系统的跳变动态，Lyapunov 函数(4.61)的一阶差分 ΔL 可以写成

$$\Delta L=V^*(x^+)-V^*(x(\xi_j))+V^*(\hat{x}_{j+1})-V^*(\hat{x}_j)+V_c(\tilde{W}^+)-V_c(\tilde{W}(\xi_j)) \tag{4.69}$$

根据公式(4.66)可得系统状态是渐近稳定的，即系统状态的最优值函数单调递减，$V^*(x^+)\leqslant V^*(x(\xi_j))$。同时，由公式(4.67)我们可知评价网络权值估计误差是最终一致有界的，$V_c(\tilde{W}^+)\leqslant V_c(\tilde{W}(\xi_j))$。考虑系统状态的渐近稳定在跳变时刻仍然适用，我们有 $V^*(\hat{x}_{j+1})\leqslant V^*(\hat{x}_j)$，同时可以得到 $V^*(\hat{x}_{j+1})-V^*(\hat{x}_j)\leqslant-\kappa\|\hat{e}_{Tj}\|$，其中 κ 是一个 κ 类函数。

由此，我们可得 Lyapunov 函数的一阶差分 ΔL 为

$$\Delta L\leqslant-\kappa\|\hat{e}_{Tj}\| \tag{4.70}$$

综合上述两种情况，基于事件触发机制下积分滑模控制的连续控制部分设计，事件触发及触发间隔内闭环系统状态及权值误差的稳定性得到了证明。

4.4 案例及仿真分析

本章利用非线性的单连杆机械臂系统作为控制对象，在考虑输入受限和外部干扰的情况下，验证所提混合事件触发机制的最优积分滑模控制的有效性。

给定系统动态方程为

$$\ddot{\theta}(t)=-\frac{\mathrm{M}gl}{\tilde{G}}\sin(\theta(t))-\frac{D}{\tilde{G}}\dot{\theta}+\frac{1}{\tilde{G}}u(t)+k\bar{\omega}(t) \tag{4.71}$$

将上述系统模型进行简化，可得简化的系统动态模型为

$$\begin{bmatrix}\dot{x}_1\\ \dot{x}_2\end{bmatrix}=\begin{bmatrix}x_2\\ -4.905\sin(x_1)-0.2x_2\end{bmatrix}+\begin{bmatrix}0\\ 0.1\end{bmatrix}(u+d_u)+\begin{bmatrix}1\\ 1\end{bmatrix}\bar{\omega} \tag{4.72}$$

其中，$u(t)$是控制输入，且满足输入约束为 $|u(t)|\leqslant 0.45$，$\bar{\omega}(t)=0.1\exp^{-t}\sin^2(t)$ 表示系统外部受到的干扰包括机械振动和电磁干扰等。

假设系统存在输入扰动为

$$d_u=\begin{cases}1.5\cos(0.35t), & 0\leqslant t\leqslant 60\\ 0.9\sin(0.5t), & t>60\end{cases} \tag{4.73}$$

首先，根据本章所提算法，选取算法涉及的参数矩阵 $Q=g^{+}=[0\ 10]$ 且 $\bar{k}=[I-gg^{+}]k=[1\ 0]$。积分滑模函数设置为(4.3)，事件触发的非连续控制部分设计为(4.9)，其中，滑模增益为 $K=1$，$s_0(x)=10x^2$。为了减小抖振对滑模控制的影响，选择双曲正切函数为 $\tanh(g^{\mathrm{T}}Q^{\mathrm{T}}s/\varepsilon)$ 来代替符号函数 $\mathrm{sgn}(\cdot)$，ε 其中是一个正常数设置为 0.09。

非连续控制部分 u_d 的触发参数 $\rho=0.04$，且当触发条件满足 $e_{du}\geqslant\rho$，非连续控制部分触发控制进行更新。

其次，得到的不含匹配干扰分量和输入扰动的滑模动态可以表示为

$$\begin{bmatrix}\dot{x}_1\\ \dot{x}_2\end{bmatrix}=\begin{bmatrix}x_2\\ -4.905\sin(x_1)-0.2x_2\end{bmatrix}+\begin{bmatrix}0\\ 0.1\end{bmatrix}(u_c)+\begin{bmatrix}1\\ 0\end{bmatrix}\bar{\omega} \tag{4.74}$$

其中，$|u_c|\leqslant 0.45$ 是连续控制部分的输入约束界。

最后，求解上述系统事件触发机制下的近似饱和输入。连续控制部分的参数选择如下 $Q=\mathrm{diag}(10,\ 10)$，$R=0.01$，$\alpha=0.5$，$L_D=10$，$\gamma=1$。评价网络的初始权值为 0 并选择激活函数为 $[x_1^2,\ x_1x_2,\ x_2^2]$，神经网络学习率为 $\sigma=0.9$。同时，在仿真的前 4 s 的学习训练过程中加入一个小的探测信号 $\delta(t)=1000e^{-t}\sin^5(t)\cos(t)+\sin(t)\cos^5(t)$，保证算法满足持续性激励条件。设置系统的初始状态为 $[-0.5\ 0\ 0.5]^{\mathrm{T}}$。

通过事件触发的连续控制部分，状态轨迹收敛到平衡点，评价网络权值在 20s 后收敛到最优值 $\hat{W}=[0.6927,\ -1.0069,\ 0.5739]$，如图 4.1 所示。在图 4.2 中，可以看出连续控制部分的事件触发控制率在控制约束内最终收敛到 0。各个时刻的事件触发采样的误差以及触发阈值在图 4.3 中表示，可以看出每当触发误差超过阈值时，触发误差重置为 0，发生采样状态和控制率的更新。随着状态收敛到平衡点，触发阈值最后收敛到零。

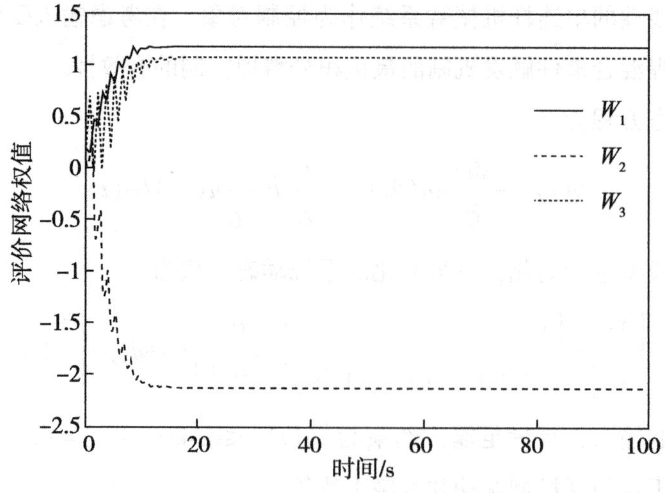

图 4.1　评价网络权值收敛轨迹

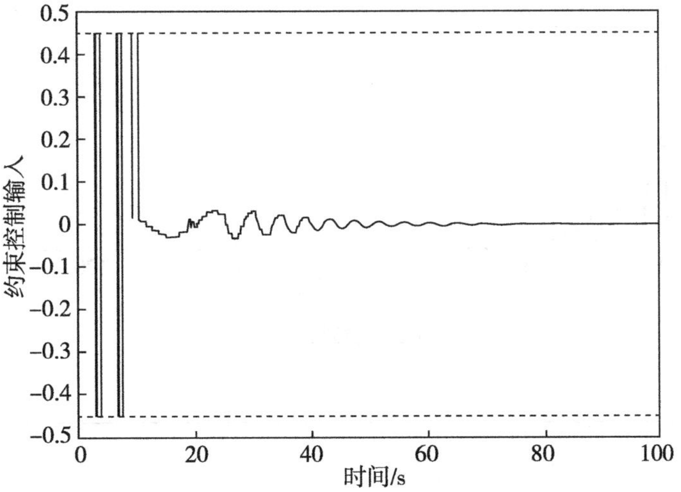

图 4.2 事件触发的约束控制输入

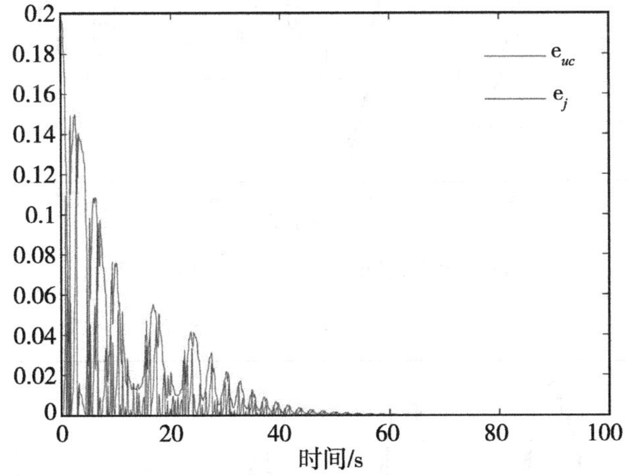

图 4.3 触发误差与触发阈值的变化轨迹

由此，我们就得到了连续控制部分在事件触发机制下的近似最优控制策略 u_c，将 u_c 带入积分滑模面(4.3)，设计系统(4.1)的反馈控制率为 $u=u_c-K\mathrm{sgn}(g^{\mathrm{T}}(x(t_k))Q^{\mathrm{T}}(x(t_k))s(t_k))$。图 4.4 展示了最优连续控制 u_c、事件触发的滑模切换律 u_d 和复合积分控制律 u 的变化曲线。事件触发机制下滑模切换律 u_d 的事件触发的间隔采样时间如图 4.5 所示。可以看出，通过事件触发机制，采样时间大大减少，提高了控制资源和带宽的利用率。

从图 4.6 和图 4.7 可以看出，所提的近似最优滑模控制器能够保证滑模动态的最优性能及鲁棒稳定性，同时事件触发的不连续滑模切换率能够使系统状态保持在滑模面上。通过以上仿真结果的分析，验证了事件触发机制下含输入约束和外部扰动系统最优积分滑模控制策略的有效性。

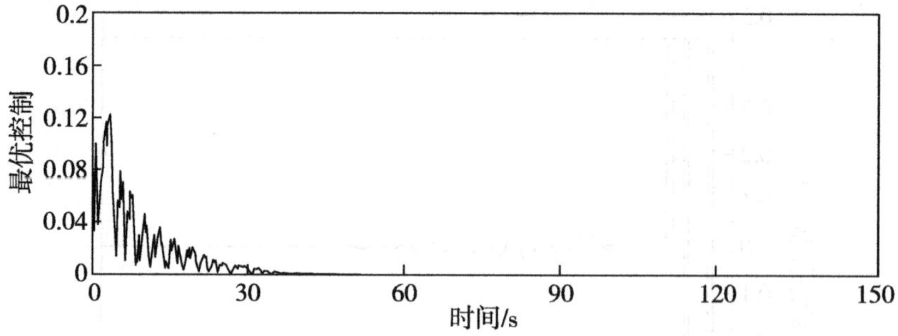

(a)最优控制变化轨迹

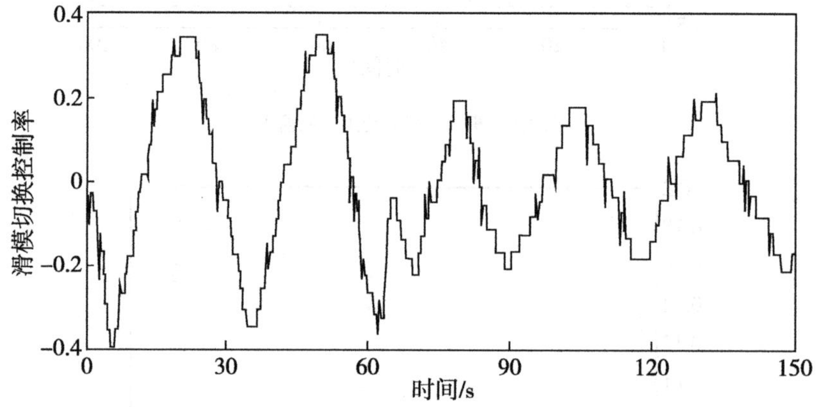

(b)事件触发的滑模切换控制率变化轨迹

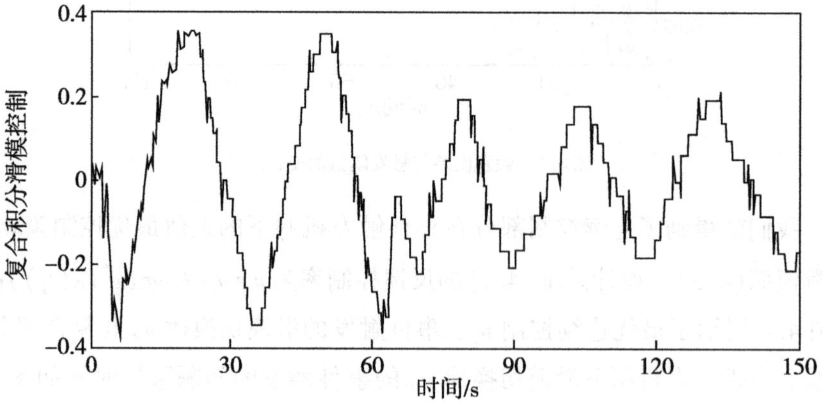

(c) 事件触发的复合积分滑模控制变化轨迹

图 4.4　系统控制输入变化轨迹

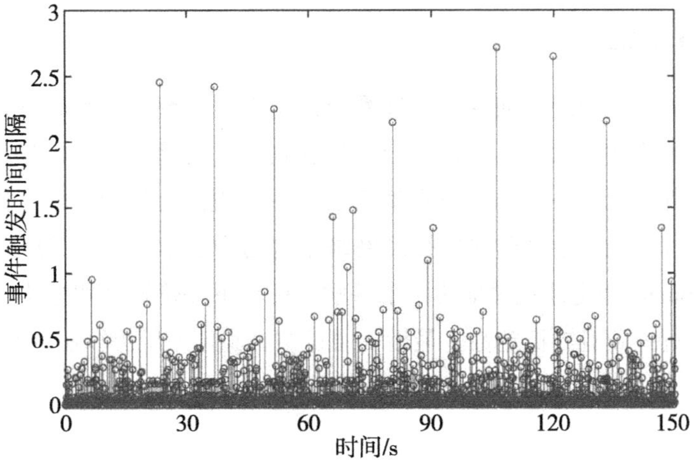

图 4.5 滑模切换控制的事件触发时间间隔

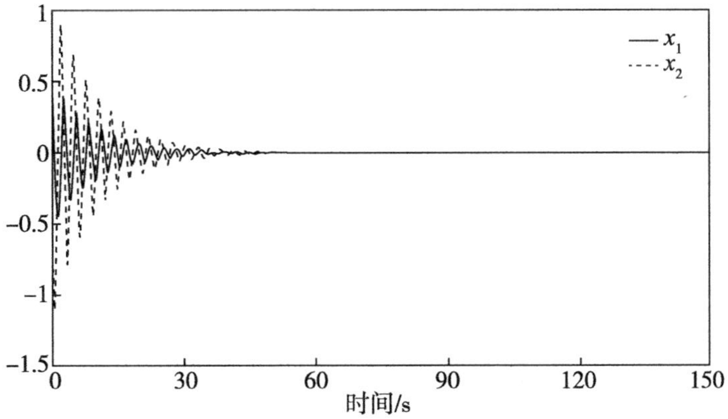

图 4.6 闭环系统状态轨迹

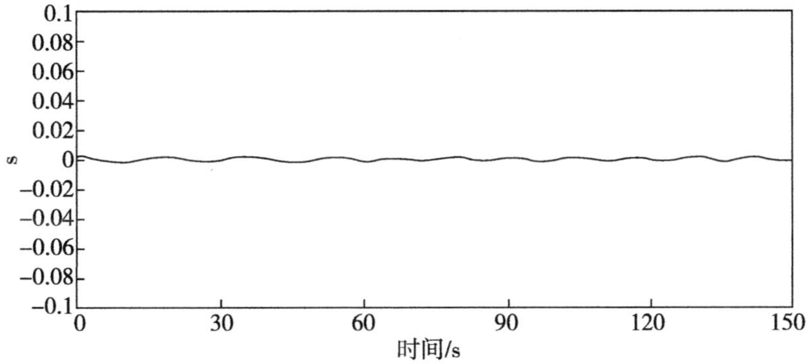

4.7 滑模函数变化轨迹

4.5 本章小结

针对一类含输入受限的不确定非线性系统，基于积分滑模控制和神经网络增强学习的自适应动态规划方法，设计了一种混合事件触发机制的最优积分滑模控制策略。该策略不仅能够在事件触发的条件下保证不确定系统在滑模面上的稳定性，同时能够保证滑模动态系统的最优性能。通过单评价神经网络结构的增强学习 ADP 算法，逼近求解 HJI 方程，并用 Lyapunov 稳定性定理证明了事件触发机制下评价网络权值误差和等效滑模动态系统状态的渐近一致有界稳定性。最后，通过仿真验证了所提算法的有效性。

第五章 动态未知的非线性离散系统事件触发的最优控制策略

时序差分法(Temporal-Difference, TD)作为强化学习方法的本质和核心，是动态规划和蒙特卡罗方法的结合，它基于贝尔曼最优性原理的反步法将一个 n 步决策问题化为多个一步决策问题。为了能在不增加计算复杂度的情况下综合考虑所有步数对当前决策的影响，考虑参数 λ 的时序差分方法[TD(λ)]引入了一个长期预测参数 λ，定义 λ 返回收益乘以权重的和来表示所有 n 步返回收益。然而，随着状态维数和控制维数的增加，TD(λ)算法计算和存储容量的不足变得越来越严重，即出现维数灾难问题。此外，由于在实际应用中缺乏精确的数学解析表达式，限制了其在复杂系统优化控制中的发展。

正如第一章所述，近年来，ADP 作为一种优越的优化控制方法，得到了研究人员的广泛关注，并应用于电力系统稳定控制、机器人控制、导航系统控制等实际系统优化控制过程[32-36]。ADP 函数近似结构具有很好的逼近能力，可以很好地近似最优控制和系统的性能指标，从根本上解决维数灾难问题。通过模拟生物在环境中的学习过程，上述方法利用强化学习的神经网络结构进行 ADP 最优控制和性能指标的逼近求解。在相关研究中，神经网络结构包含评价-执行双网络、单评价网络以及参考-评价-执行三网络等框架，通过对不同控制输入的值函数进行迭代学习，得到最优控制策略。在文献[34]中，首先采用了评价网络和执行网络的双网络结构对值函数和最优控制律进行逼近，保证了系统状态和网络权值的收敛性。为了降低算法复杂度，在文献[140]中设计了一种单评价网络的二次启发式动态规划最优控制策略。文献[62]在评价-执行网络结构中加入参考网络，描述自适应动态规划算法的内部增强信号。针对具有未知动态的反渗透海水淡化系统，文献[67]采用强化学习方法，将滑模控制与模糊控制相结合，设计了一种无模型最优控制策略。此外，在文献[53]中建立了包含模型网络的三网络结果，来辨识系统状态从而获得自适应最优控制器。基于上述结构，本章提出了一种基于模型-评价-执行三网络近似结构的启发式动态规划策略。

由于传统的 HDP 方法只是简单地通过一步收益来更新价值函数的近似值，因此忽略了其他 n 步返回收益的影响。受 TD(λ)方法的启发，文献[141]引入了表征控制过程各步状态序列对后续状态影响效益的资格迹，通过加权方式考虑所有 n 步增益返回值，提出了考虑长期预测参数 λ 的 HDP(λ)方法。此外，考虑到附加状态相关变量资格迹导致的计算复杂性增加的问题，Al-Dabooni 提出了一种新的基于 λ 增益返回值的迭代求解策略，在满足稳定性条件要求的同时，有效避免了引入资格迹而造成的存储计算量增加问题[142]。与传统 HDP 方法相比，上述文献中所提方法体现了良好的解释能力和优越的控制性能。然而，在神经网络逼近最优代价函数的过程中，当前时刻评价网络权值更新误差是根据前一时刻目标值函数与近似值函数之间的差值来表示，而非当前时刻两者的差值，这将造成一定的时延并影响评价网络的收敛速度。另外，通过 λ 增益返回值的迭代策略，迭代中的计算消耗量的带宽占用率急剧增加，对于计算和通信带宽受限的环境，减少不必要的浪费和提高系统资源的利用率是优化控制过程的关键。

为了解决控制过程中资源利用率的问题，针对离散时间系统，基于事件触发机制的自适应控制策略得到广泛研究。针对严格反馈的离散时间系统，文献[143]提出了事件触发机制下的神经网络跟踪控制方法并进行了算法稳定性分析。在多智能体系统中，文献[144]针对多玩家非零和博弈问题设计了多元触发条件，并利用单神经网络结构的 ADP 方法进行最优控制求解。除此之外，针对含控制输入约束离散时间系统，文献[145]提出了基于 HDP 算法的无模型事件触发控制。为了解决自适应最优控制问题，文献[82]设计了含有模型网络系统辨识的三网络逼近结构，提出了事件触发的 HDP 优化控制策略。然而，上述研究中的 HDP 优化策略只是简单地利用一步返回收益更新了贝尔曼方程值函数的近似值，而忽略了其他 n 步返回收益对当前控制策略的影响。基于上述分析，本章针对一类动态未知的离散时间系统，提出了事件触发机制下的 HDP(λ)算法。

本章的主要内容包括：(1)考虑了 n 步返回收益的影响，在保证系统稳定性和最优控制性能的基础上，基于 λ 步返回收益的迭代训练，设计了一种新的事件触发机制。(2)利用模型神经网络对系统动态进行辨识，并将其用于执行-评价神经网络学习最优控制和 λ 在线迭代返回目标值。与传统的 HDP 相比，神经网络的学习效率和控制资源利用率得到了提高。(3)在事件触发机制下，利用 Lyapunov 函数证明了离散系统状态和权值误差动态的 UUB 稳定性，并利用仿真验证算法有效性。

5.1 问题描述

考虑如下非线性离散时间系统

$$x(t+1)=f(x(t),\ u(t)) \tag{5.1}$$

其中，$x(t)\in\mathbb{R}^n$ 是系统的状态向量，$u(t)\in\mathbb{R}^m$ 是系统的控制输入。

对于时间采样的控制，传统 HDP 算法的主要目的是通过最小化如下值函数得到系统(5.1)的最优控制

$$J(x(t))=\sum_{k=t}^{\infty}\beta^{k}-\mathrm{tr}_{x}(x(t),\ u(t)) \tag{5.2}$$

其中，β 是折扣因子，$r_x(t)$ 是 t 时刻的效用函数表示如下：

$$r_x(t) = x(t)^{\mathrm{T}} R x(t) + u(t)^{\mathrm{T}} Q u(t) \tag{5.3}$$

其中，R 和 Q 是具有适当维数的正定矩阵。

传统 HDP 算法中，依据最优值函数(5.2)，考虑短期收益的代价函数 $J(x(t))$ 的最优解可写为

$$J^*(x(t)) = \min_{u(x(t))}\{r_x(x(t),\ u(t)) + \beta J^*(x(t+1))\} \tag{5.4}$$

然而，通过传统 HDP 求得的最优代价(5.4)，只考虑一步返回收益，被认为是一步返回时序差分或 $\lambda=0$ 时的 HDP(0) 算法。参考文献[142]在求解最优问题时，需要全局考虑贝尔曼方程的 i 步返回收益 $R_t^{(i)}(i=1,\ 2,\ \cdots,\ n)$，当 n 取无穷时，它代表了瞬时代价从 0 到∞的总和，$R_t^{(i)}$ 定义如下：

$$\begin{aligned}
R_t^{(1)} &= J(x(t)) = r_x(t) + \beta J(x(t+1)) \\
R_t^{(2)} &= r_x(t) + \beta J(x(t+1)) + \beta^2 J(x(t+2)) \\
&\vdots \\
R_t^{(n)} &= r_x(t) + \beta J(x(t+1)) + \cdots + \beta^n J(x(t+n))
\end{aligned} \tag{5.5}$$

当 $i=1$ 时，向前一步近似当前控制的收益，我们称为一步返回收益；继续向前考虑两步，到三步，再到 n 步，就可得到 n 步时序差分返回收益，即 $R_t^{(n)}$。

n 步时序差分选择多少步作为较优的计算参数是需要尝试的超参数调优问题。为了能在不增加复杂度的情况下综合考虑所有步数的影响，我们引入一个[0，1]的参数 λ，平均考虑 n 步返回收益。定义 λ 收益是 n 从 1 到∞所有步的收益乘以权重的和，每一步的权重是 $(1-\lambda)\lambda^{n-1}$，由此得到 λ-返回收益 R_t^{λ}[或 $TD(\lambda)$]的计算公式如下：

$$R_t^{\lambda} = (1-\lambda)\sum_{n=1}^{\infty}\lambda^{n-1}R_t^{(n)} \tag{5.6}$$

从图 5.1 可以看出，每一步收益的权重定义为 $(1-\lambda)\lambda^n-1$，随着 n 的增大，其第 n 步收益的权重呈几何级数地衰减，离当前状态越远的收益权重越小，当 i 趋近于∞时，所有 n 步收益的权重加和为 1。

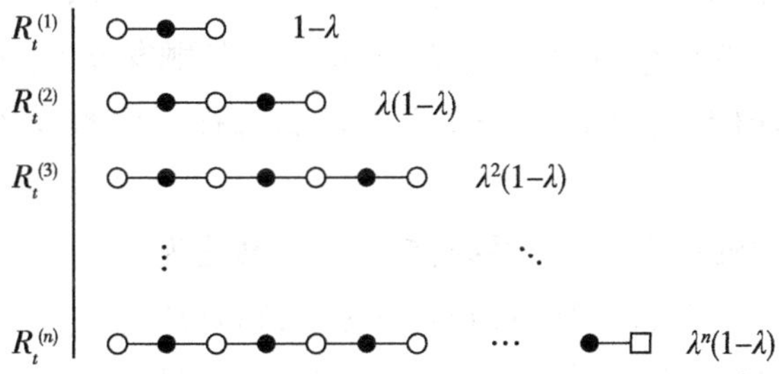

图 5.1　HDP(λ)中的 λ 收益返回策略

因此，利用上述 t 时刻 λ 返回收益 R_t^{λ}，本章定义了 HDP(λ) 最优控制的目标值函数 $\bar{J}(t)$，并 $\hat{J}(t)$ 将是利用一步返回收益的近似值函数。

这里我们需要注意，相对于本章提到的利用 λ 返回收益迭代求解最优值函数 $J(t)$ 的方法，传统 TD（λ）算法引入额外变量效用迹 $e(x)$ 的求解方法可能会增加额外的计算量。

如参考文献所提，$\bar{J}(t)$，$\bar{J}(t+1)$ 和 $\hat{J}(t+1)$ 的关系可以表示如下：

$$\bar{J}(x(t))=R_t^{\lambda}=r_x(x(t),\ u(t))+\lambda\beta\bar{J}(x(t+1))+(1-\lambda)\beta\hat{J}(x(t+1)) \tag{5.7}$$

综上所述，本书的控制目标是通过使用上述目标值迭代更新的事件触发技术求解离散时间非线性最优控制问题，得到一个基于 HDP（λ）策略的最优控制策略，使得 n 步返回值函数进行公平的成本分配。

在后续的章节中，根据上述时间触发最优控制问题的描述，提出了保证系统控制稳定性的事件触发机制。

5.2 考虑 λ 参数的事件触发近似最优控制器设计

5.2.1 事件触发最优控制策略

考虑系统可能遇到的计算以及带宽资源的限制，本章考虑事件采样机制进行最优控制器设计，即通过分析系统稳定性建立能够使系统达到最优性能的事件触发条件，使得系统在满足一定阈值条件时进行系统采样及控制器更新，通过迭代得到能够保证系统稳定的事件触发最优控制率。

对于事件触发采样机制，利用单调递增时间序列 $\{t_i\}_{i=0}^{\infty}$ 定义事件采样时刻，其中 t_i 表示第 i 个触发时刻。为了节省计算量并减少通信，只在触发时刻 t_0，t_1，…，t_i，t_i 更新控制策略和近似值。在触发间隔内，即 $t_i<t<t_{i+1}$ 时对应的触发时刻状态向量和控制律定义为 $x(t)=x(t_i)$ 和 $u(t)=u_e(x(t_i))$，当触发条件阈值满足时，触发新的采样并进行控制率更新。同时，为了产生具有连续时间间隔的控制值，设计了零阶保持(ZOH)来连续记录 t_i 和 t_{i+1} 两个触发时刻之间的控制量 $u_e(t_i)$，使得控制输入在触发间隔内保持不变，成为分段连续信号。

采样状态 $x(t_i)$ 与真实状态 $x(t)$ 之间的误差定义为触发误差 $e_x(t)$，即

$$e_x(t)=x(t_i)-x(t),\ t_i\leqslant t\leqslant t_{i+1},\ i=0,\ 1,\ 2,\ \cdots \tag{5.8}$$

由上式可以看出，当 $t=t_i$，$i=0$，1，2，…时，新的触发发生，控制器的状态输入表示为 $x(t)=x(t_i)$，ZOH 保存的最后一个触发的状态样本值被设置为当前时刻的状态样本。

根据上述事件触发机制的定义，系统(5.1)可以转化为

$$x(t+1)=f(x(t),\ u_e(e_x(t)+x(t))) \tag{5.9}$$

参考时间采样的最优代价函数(5.4)，事件触发机制只考虑一步返回收益的最优代价函数可表示为

$$J^*(x(t))=(x(t))=\min_{u_e(x(t_i))}\{r_x(x(t),\ u_e(x(t_i)))+\beta J^*(x(t+1))\} \tag{5.10}$$

其中，

$$r_x(x(t),\ u_e(x(t_i)))=x^T(t)Rx(t)+u_e^T(x(t_i))Qu_e(x(t_i)),\ t_i\leqslant t\leqslant t_{i+1} \tag{5.11}$$

那么，t 时刻系统的最优控制输入 $u_e^*(x(t))$ 可写为

$$u_e^*(x(t))=arg\min_{u_e(x(t_i))}\{r_x(x(t),\ u_e(x(t_i)))+\beta J^*(x(t+1))\} \tag{5.12}$$

由此可得，HDP(λ)算法的最终目标值函数 5.7 可以转化成如下事件触发的方式

$$\bar{J}(x(t))=r_x(x(t),\ u_e(x(t_i)))+\lambda\beta\bar{J}(x(t+1))+(1-\lambda)\beta\hat{J}(x(t+1)) \tag{5.13}$$

其中，$r_x(x(t),\ u_e(x(t_i)))$，简化为 $r_x(t)$ 便于后续分析。

需要注意的是，评价网络训练是根据式(5.13)中最终目标值函数进行网络误差设置，并以事件触发的方式进行的。事件触发条件在下文中给出，并对系统进行了稳定性分析。

设计事件触发条件为

$$e_x(t)\leqslant e_{xT} \tag{5.14}$$

其中，e_{xT}是事件触发采样的条件阈值，当且仅当满足上述触发条件时，系统触发新的采样且控制器进行更新，触发误差 $e_x(t)$ 由此重置为 0。

5.2.2 事件触发条件及系统稳定性分析

为了设计事件触发条件，参考文献[142]首先考虑如下假设。

假设 5.1：存在正常数 L_1，L_2，η 和 γ，一个 C^1 类函数 H：$\mathbb{R}^n\rightarrow\mathbb{R}\geqslant 0$，$K_\infty$ 函数 α_1，α_2 使得对于 $x\in\mathbb{R}^n$ 和 $e_x\in\mathbb{R}^n$ 满足

$$\|x(t+1)\|\leqslant L_1\|e_x(t)\|+L_1\|x(t)\| \tag{5.15}$$

$$\alpha_1\|x(t)\|\leqslant H(x(t))\leqslant\alpha_2\|x(t)\| \tag{5.16}$$

$$H(x(t+1))-H(x(t))\leqslant-\eta H(x(t))+\gamma\|e_x(t)\| \tag{5.17}$$

$$\alpha_1^{-1}(\|x\|)\leqslant L_2\|x\| \tag{5.18}$$

其中，Lyapunov 函数 H 是考虑系统(5.9)事件触发误差 e_x 条件下，输入状态稳定(ISS)的函数。

定理 5.1：对于所有触发时刻，假设 5.1 成立，如果在 $t\in[t_i,\ t_{i+1})$ ISS- Lyapunov 函数满足

$$H(x(t))\leqslant[1-o\cdot\eta(t-t_i)]H(x(t_i)) \tag{5.19}$$

其中，L_1，$\eta\in(0,\ 1)$且

$$0<o<\frac{\eta^2}{t-t_i}-\frac{\gamma L_2(1+L_1)}{(1-2L_1)(t-t_i)} \tag{5.20}$$

则触发规则能够使事件触发控制系统(5.9)在如下触发条件下达到渐近稳定

$$\|e_x(t)\|\leqslant\frac{(2L_1)^{t-t_i}-1}{2L_1-1}(1+L_1)\|x(t_i)\| \tag{5.21}$$

证明：根据触发误差的定义 5.8，对于 $t\in[t_i,\ t_{i+1})$ 我们可以得到

$$e_x(t+1)\leqslant x(t_i)+x(t+1) \tag{5.22}$$

将公式(5.15)带入公式(5.22)，可以得到

$$e_x(t+1) \leqslant x(t_i) + L_1 x(t) + L_1 e_x(t) \tag{5.23}$$

接着，通过多步迭代，上式可转化为

$$\begin{aligned}
\| e_x(t+1) \| &\leqslant 2L_1 \| e_x(t) \| + (1+L_1) \| x(t_i) \| \\
&\leqslant 2L_1 (2L_1 \| e_x(t-1) \| + (1+L_1) \| x(t_i) \|) + (1+L_1) \| x(t_i) \| \\
&\ \vdots \\
&\leqslant (2L_1)^{t-t_i+1} \| e_x(t_i) \| + (2L_1)^{t-t_i}(1+L_1) \| x(t_i) \| + (2L_1)^{t-t_i-1}(1+L_1) \| x(t_i) \| + \\
&\quad \cdots + (1+L_1) \| x(t_i) \|
\end{aligned} \tag{5.24}$$

根据 $e_x(t_i)=0$，(5.24)可以写为

$$\begin{aligned}
\| e_x(t+1) \| &\leqslant [(2L_1)^{t-t_i} + (2L_1)^{t-t_i-1} + \cdots + (2L_1)^0](1+L_1) \| x(t_i) \| \\
&\leqslant \sum_{j=0}^{t-t_i} (2L_1)^j (1+L_1) \| x(t_i) \| \\
&= \frac{(2L_1)^{t-t_i} - 1}{2L_1 - 1}(1+L_1) \| x(t_i) \|
\end{aligned} \tag{5.25}$$

由此，我们得到了事件触发条件(5.21)，为了满足触发条件下输入状态稳定的Lyapunov函数不等式，进行如下推导。

将触发条件(5.21)带入(5.17)可得

$$H(x(t+1)) - H(x(t)) \leqslant -\eta H(x(t)) + \frac{(2L_1)^{t-t_i}-1}{2L_1-1}(1+L_1) \| x(t_i) \| \tag{5.26}$$

依据式(5.16)和式(5.18)，我们有

$$\| x(t_i) \| \leqslant \alpha_1^{-1}(H(x(t_i))) \leqslant L_2 H(x(t_i)) \tag{5.27}$$

整合式(5.26)和式(5.27)并带入式(5.17)可得

$$H(x(t+1)) \leqslant (1-\eta) H(x(t)) + [1-(2L_1)^{t-t_i}] \varGamma H(x(t_i)) \tag{5.28}$$

其中，$\varGamma = \gamma \dfrac{1+L_1}{1-2L_1} L_2$。

通过迭代求解上式，我们得到

$$H(x(t)) \leqslant (1-\eta)^{t-t_i} H(x(t_i)) + \varGamma (1-\eta)^{t-t_i-k} [1-(2L_1)^{t-t_i-k}] H(x(t_i)) \tag{5.29}$$

由于 $L_1 \in (0, 1)$ 且满足 $0<1-(2L_1)^{t-t_i-1}<1$，我们可得 $0<1-(2L_1)^{t-t_i-1-k}$ 随着 k 从 0 到 $t-t_i-1$ 的增加而减小，由此可将上式转换为

$$H(x(t)) \leqslant (1-\eta)^{t-t_i} H(x(t_i)) + \varGamma [1-(2L_1)^{t-t_i-1}] \frac{1-(1-\eta)^{t-t_i}}{\eta} H(x(t_i)) \tag{5.30}$$

根据 $\eta \in (0, 1)$ 且 $t-t_i>1$，我们可以得到

$$(1-\eta)^{t-t_i} < 1-\eta \tag{5.31}$$

由参数条件(5.20)可得

$$0<o<\frac{\eta^2}{t-t_i}-\frac{\gamma L_2(1+L_1)}{(1-2L_1)(t-t_i)}$$
$$<\frac{1-(1-\eta)^{t-t_i}}{\eta(t-t_i)}-\gamma\frac{L_2(1+L_1)}{(1-2L_1)\eta^2(t-t_i)} \tag{5.32}$$

根据不等式条件 $0<1-(1-\eta)^{t-t_i}<1$ 和 $0<1-(2L_1)^{t-t_i-1}<1$，我们得到

$$o<-\gamma\frac{L_2(1+L_1)[1-(1-\eta)^{t-t_i}]}{(1-2L_1)\eta^2(t-t_i)}[1-(2L_1)^{t-t_i-1}]+\frac{1-(1-\eta)^{t-t_i}}{\eta(t-t_i)} \tag{5.33}$$

通过推导，上式可变为

$$(1-\eta)^{t-t_i}-\Gamma[1-(2L_1)^{t-t_i-1}]\frac{1-(1-\eta)^{t-t_i}}{\eta}<1-\eta o(t-t_i) \tag{5.34}$$

整合公式(5.30)和公式(5.34)，我们可以得到 ISS-Lypunov 函数不等式条件如下：

$$H(x(t))\leqslant[1-\eta(t-t_i)]H(x(t_i)) \tag{5.35}$$

因此，证明了本章节设计的事件触发条件能够满足 ISS-Lyapnov 函数不等式条件(5.19)。

注释 5.1：根据定理 5.1 中设计的事件触发条件(5.21)，在保证系统稳定性的前提下，确定了控制系统的事件采样时间，节省了计算量和通信带宽资源。在下面章节中，基于上述事件触发机制设计强化学习策略求解 HDP(λ) 最优控制。

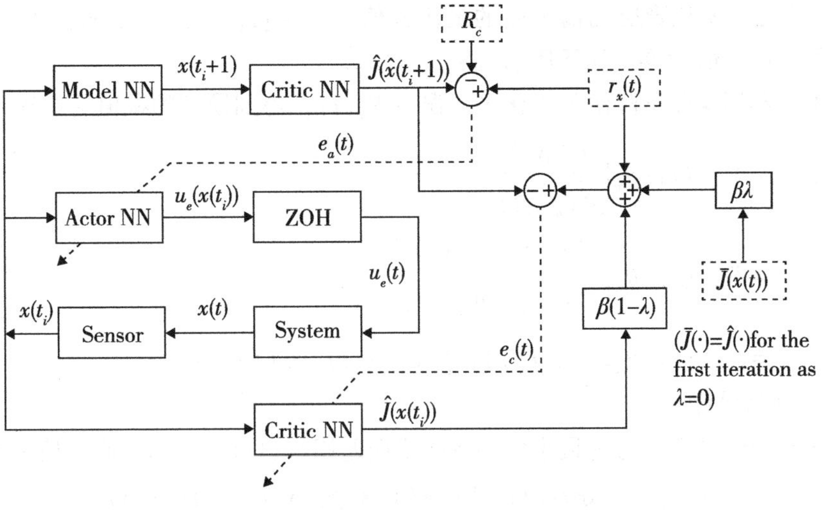

图 5.2 事件触发 HDP(λ)最优控制策略框图

5.3 基于事件触发启发式动态规划的增强学习方案

ETHDP(λ)的强化学习方案如图 5.2 所示。在本节中，利用三层反馈神经网络结构分别建立了模型-评价-执行三个神经网络，近似求解最优控制。其中，建立离线的模型网络用来辨识系统的状态，从而得到评价网络中一步返回收益值函数的权值误差更新率。同时，结合零阶保持器设计了执行神经网络逼近求解事件触发控制策略。一旦触发条件

满足，采样状态将在触发瞬间 t_i 更新为 $x(t_i)$。

5.3.1 自适应评判网络设计

1. 模型网络设计

模型网络的目标是最小化估计的系统状态向量 $\hat{x}(t+1)$ 和实际状态 $x(t+1)$ 之间的差异，由此得到模型网络的误差和平方误差为

$$e_m(t)=\hat{x}(t+1)-x(t+1)$$
$$E_m(t)=0.5e_m^2(t) \tag{5.36}$$

模型神经网络的输出结构设计如下：

$$\hat{x}(t+1)=\sum_{k=0}^{H_{mn}}\hat{W}_{mk}^{(2)}(t)\tau_k(t)$$
$$\tau_k(t)=\varphi(\vartheta_k(t)),\qquad k=1,2,\cdots,H_{mn} \tag{5.37}$$
$$\vartheta_k(t)=\sum_{i=0}^{m}\hat{W}_{mk,i}^{(1)}(t)x_i(t)+\sum_{j=0}^{n}\hat{W}_{mk,j+m}^{(1)}(t)u_{ej}(t),\quad k=1,2,\cdots,H_{mn}$$

其中，$\varphi(a)=(1-e^{-a})/(1+e^{-a})$是模型网络的激活函数。$\tau_k$ 和 ϑ_k 分别是隐层的输入和输出，H_{mn}是隐层神经元数，系统状态 $x(t)$ 和控制动作 $u_e(t)$ 是模型网络的输入。

考虑到神经网络优越的逼近特性，估计的系统动态可表示为

$$\hat{x}(t+1)=w_m^{(2)*\mathrm{T}}\varphi_m(x(t))+\varepsilon_m \tag{5.38}$$

其中，$w_m^{(2)*T}$ 是模型从隐层到输出层的最优权值，$\varphi_m=[\tau_1,\tau_2,\cdots,\tau_{Hmn}]^T$，$\varepsilon_m$ 表示模型重建误差，以正值为界，如下所示 $\|\varepsilon_m\|\leqslant\varepsilon_M$。

接下来，利用梯度下降法最小化平方误差 $E_m(t)$，得到模型的权值更新率为

$$\begin{aligned}\hat{W}_m^{(2)}(t+1)&=\hat{W}_m^{(2)}(t)-\theta_m\left(\frac{\partial E_m(t)}{\partial\hat{W}_m^{(2)}(t)}\right)\\&=\hat{W}_m^{(2)}(t)-\theta_m\left(\frac{\partial E_m(t)\partial\hat{x}(t+1)}{\partial\hat{x}(t+1)\partial\hat{W}_m^{(2)}(t)}\right)\\&=\hat{W}_m^{(2)}(t)-\theta_m\varphi_m(x(t))[\hat{W}_m^{(2)\mathrm{T}}\varphi_m(x(t))-x(t+1)]\end{aligned} \tag{5.39}$$

2. 评价网络设计

设计评价神经网络，通过最小化如下网络误差用来逼近一步返回收益值函数

$$e_c(t)=r_x(t)+\lambda\bar{\beta}J(x(t_i+1))+(1-\lambda)\beta J(\hat{x}(t_i+1))-\hat{J}(x(t_i))$$
$$E_c(t)=0.5e_c^2(t) \tag{5.40}$$

评价网络的输出信号设计为

$$\hat{J}(t)=\sum_{k=1}^{H_{cn}}\hat{W}_{ck}^{(2)}(t)\upsilon_k(t)$$
$$\upsilon_k(t)=\varphi(l_k(t)),\qquad k=1,2,\cdots,H_{cn} \tag{5.41}$$
$$l_k(t)=\sum_{j=1}^{m}\hat{W}_{ck}^{(1)}(t)x_j(t),\qquad k=1,2,\cdots,H_{cn}$$

其中，l_k 和 v_k 分别是评价网隐层的输入和输出，H_{cn}隐层神经元数个数，系统状态$x(t_i)$是网络的输入信号。

评价网络权值的更新率为

$$\hat{W}_c^{(2)}(t+1)=\hat{W}_c^{(2)}(t)-\theta_c\left(\frac{\partial E_c(t)}{\partial\hat{W}_c^{(2)}(t)}\right)$$
$$=\hat{W}_c^{(2)}(t)-\theta_c\left(\frac{\partial E_c(t)\,\partial\hat{J}(t+1)}{\partial\hat{J}(x(t))\,\partial\hat{W}_c^{(2)}(t)}\right) \tag{5.42}$$

其中，是评价网络的学习率，$\hat{J}(x(t))=\hat{W}_c^{(2)\mathrm{T}}(t)\varphi_c(x(t))$，$\varphi_c=[v_1,\ v_2,\ \cdots,\ v_{Hcn}]^{\mathrm{T}}$。同时，随机初始化隐含层权重 $\hat{W}_c^{(1)}$，并在整个训练过程中保持不变。

3. 执行网络设计

仅当满足事件触发条件时，将采样状态 $x(t_i)$作为执行网络的输入信号。事件触发控制策略的训练过程设计为

$$\begin{aligned}&u_e(x(t_i))=\sum_{k=1}^{H_{an}}\hat{W}_{ak}^{(2)}(t)g_k(t)\\&g_k(t)=\varphi(p_k(t)),\qquad k=1,\ 2,\ \cdots,\ H_{an}\\&p_k(t)=\sum_{j=1}^{m}\hat{W}_{ak}^{(1)}(t)x_j(t_j),\quad k=1,\ 2,\ \cdots,\ H_{an}\end{aligned} \tag{5.43}$$

其中，p_k，g_k 是神经元数为 H_{an}的隐层的输入和输出，事件触发采样发生时，系统状态 $x(t_i)$是唯一的输入信号。

最优控制策略的逼近误差 $e_a(t)$设计如下，其中期望的最终目标值 R_c 设置为0，即达到平衡点。

$$e_a(t)=\hat{J}(\hat{x}(t_i+1))+r_x(t)-R_c \tag{5.44}$$

$$E_a(t)=0.5e_a^2(t) \tag{5.45}$$

通过梯度下降法最小化评价网络误差 $Ea(t)$，则评价网络权值更新率设计为

$$\hat{W}_a^{(2)}(t+1)=\hat{W}_a^{(2)}(t)-\theta_a\left(\frac{\partial E_a(t)}{\partial\hat{W}_c^{(2)}(t)}\right)$$
$$=\hat{W}_a^{(2)}(t)-\theta_a\left(\frac{\partial E_a(t)}{\partial\hat{J}(\hat{x}(t_i+1))}\frac{\partial\hat{J}(\hat{x}(t_i+1))}{\partial\hat{x}(t_i+1)}\frac{\partial x(t_i+1)}{\partial u_e(t_i)}\frac{\partial u_e(x(t_i))}{\partial\hat{W}_a^{(2)}(t)}\right.$$
$$\left.+\frac{\partial E_a(t)}{\partial r_x(t)}\frac{\partial r_x(t)}{\partial u_e(x(t_i))}\frac{\partial u_e(x(t_i))}{\partial\hat{W}_a^{(2)}(t)}\right) \tag{5.46}$$

其中，$e_a(t)=\hat{W}_c^{(2)\mathrm{T}}(t)\varphi_c(\hat{x}(t_i+1))+r_x(t)$，$u_e(t)=\hat{W}_a^{(2)\mathrm{T}}(t)\varphi_a(\hat{x}(t_i))$，随机初始化隐含层权值 $\hat{W}_a^{(1)}$，并在训练过程中保持不变；$\varphi_a=[g_1,\ g_2,\ \cdots,\ g_{\mathrm{Han}}]$。

注释5.2：与文献[142]不同，评价网络采用历史 $t-1$ 时刻一步返回值函数 $\hat{J}(t-1)$与

目标值函数 $\bar{J}(t-1)$ 的逼近误差来更新权值网络。而在本章中，由评价网络权值更新误差公式(5.40)可以看出，通过当前时刻最优目标值函数 $\bar{J}(t)$ 与一步返回收益 $\hat{J}(t)$ 的 *TD* 误差，评价神经网络权值进行更新训练，加快了评价神经网络的学习速度，提高了训练效率。同时通过三网结构中的模型网络近似估计状态变量 $\hat{x}(t+1)$，从而得到目标值函数 $\bar{J}(t)$ 中的 $\hat{J}(\hat{x}(t+1))$ 和执行网络误差(5.44)。在初始迭代过程中，$\bar{J}(t)$ 的取值考虑 $\lambda=0$ 的情况，并设计 $\bar{J}(t)=\hat{J}(t)$。除此之外，本章节还采用了事件触发机制进行评价网络最优控制策略的训练，在节约了计算量和存储量的同时，提高了带宽和控制资源的利用效率。

5.3.2 闭环系统稳定性及网络权值收敛性分析

为了方便进行稳定性分析，进行如下假设。

假设 5.2：

$$w_c^*(t)=\operatorname{argmin}\|r_x(t)+\lambda\bar{\beta}J(x(t+1))+(1-\lambda)\hat{\beta}J(\hat{x}(t+1))-\hat{W}_c^{(2)\mathrm{T}}\varphi_c(t)\| \tag{5.47}$$

其中，$w_c^*(t)$ 是评价网络的最优权值且存在如下边界 $\|w_c^*(t)\|\leqslant w_{cm}$，$w_{cm}$ 为正常数。

假设 5.3：$w_a^*(t)$ 是执行网络的最优权值且存在如下正常数边界 $\|w_a^*(t)\|\leqslant w_{am}$，执行网络控制输出的逼近误差定义为 $\delta_a(t)=[\hat{W}_a(t)-w_a^*(t)]^{\mathrm{T}}\varphi_a(t)=\tilde{W}_a^T(t)\varphi_a(t)$。

定理 5.2：所有假设成立，考虑事件触发采样的非线性离散时间系统(5.9)，设计事件触发条件为(5.21)，评价网络和执行网络的权值更新率分别为(5.42)和(5.46)，闭环系统状态和神经网络权值估计误差 $\tilde{W}_a(t)$ 和 $\tilde{W}_c(t)$ 一致最终有界稳定。

证明：在采用事件触发机制进行最优控制时，需要考虑两种情况对 t 时刻离散时间系统的稳定性进行分析。一个是事件在 t 时刻被触发的情况，另一个是事件在 t 时刻未被触发的情况。

(1)事件在 t 时刻被触发。

定义 Lyapunov 函数为

$$L(t)=L_m(t)+L_c(t)+L_a(t) \tag{5.48}$$

其中，$L_m(t)=x(t)^{\mathrm{T}}x(t)$，$L_c(t)=(1/\theta_c)\mathrm{tr}\{\tilde{W}_c^{\mathrm{T}}\tilde{W}_c\}$，$L_a(t)=(1/\theta_a)\mathrm{tr}\{\tilde{W}_a^{\mathrm{T}}\tilde{W}_a\}$。为了方便，在后续证明过程中，$w_m^{(2)}$，$w_c^{(2)}$ 和 $w_a^{(2)}$ 表示为 w_m，w_c 和 w_a，tr 表示矩阵的迹。

通过推导，公式(5.48)的第一部分可写为

$$\begin{aligned}\Delta L_m&=x^{\mathrm{T}}(t+1)x(t+1)-x^{\mathrm{T}}(t)x(t)\\&=\|x(t+1)\|^2-\|x(t)\|^2\\&=-\|x(t)\|^2+\|w_m^{*\mathrm{T}}\chi_m(t)+\varphi_m\|^2\end{aligned} \tag{5.49}$$

接下来，假设 5.2 成立，公式(5.48)中评价网络权值相关部分的差值 ΔL_c 可以写成

$$\Delta L_c(t)=\frac{1}{\theta_c}tr\{\tilde{W}_c^{\mathrm{T}}(t+1)\tilde{W}_c(t+1)-\tilde{W}_c^{\mathrm{T}}(t)\tilde{W}_c(t)\} \tag{5.50}$$

根据评价神经网络的权值更新率(5.42)推导可得

$$\hat{W}_c(t+1)=\hat{W}_c(t)-\theta_c\varphi_c(x(t))[-r_x(t)-\beta\bar{\lambda}J(x(t+1)) -\beta(1-\lambda)\hat{W}_c^{\mathrm{T}}(t)\varphi_c(\hat{x}(t+1))+\hat{W}_c^{\mathrm{T}}(t)\varphi_c(x(t))]^{\mathrm{T}} \tag{5.51}$$

由于评价权值误差可表示为 $\tilde{W}_c(t)=\hat{W}_c(t)-w_c^*(t)$，我们有

$$\tilde{W}_c(t+1)=[I-\theta_c\varphi_c(t)\varphi_c^{\mathrm{T}}(t)]\tilde{W}_c(t)-\theta_c\varphi_c(t)\times [w_c^{*\mathrm{T}}(t)\varphi_c(t)-R_x(t)-\beta\bar{\lambda}J(t+1)-\beta(1-\lambda)\hat{W}_c^{\mathrm{T}}(t+1)\varphi_c(t+1)] \tag{5.52}$$

其中，$\varphi_c(t)=\varphi_c(x(t))$ 且 $\varphi_c(t+1)=\varphi_c(\hat{x}(t+1))$。

将公式(5.52)带入公式(5.50)得到

$$\begin{aligned}\Delta L_c(t)\leqslant&-\|\delta_c(t)\|^2-(1-\theta_c\|\varphi_c(t)\|^2)\|\delta_c(t)\|^2+\theta_c\|\varphi_c(t)\|^2\|w_c^{*\mathrm{T}}(t)\varphi_c(t)-\\&r_x(t)-\lambda\bar{\beta}J(t+1)-(1-\lambda)\beta\hat{W}_c^{\mathrm{T}}(t+1)\varphi_c(t+1)\|^2-\\&2tr\{(1-\theta_c\|\varphi_c(t)\|^2)\|\delta_c(t)\|[w_c^{*\mathrm{T}}\varphi_c(t)-r_x(t)-\\&\lambda\bar{\beta}J(t+1)-(1-\lambda)\beta\hat{W}_c^{\mathrm{T}}(t+1)\varphi_c(t+1)]\}\end{aligned} \tag{5.53}$$

其中，$\delta_c(t)=\tilde{W}^{\mathrm{T}}(t)\varphi_c(t)$。

利用上述方程的 Cauchy 不等式准则，我们可以得到

$$\begin{aligned}\Delta L_c(t)\leqslant&-\|\delta_c(t)\|^2-(1-\theta_c\|\varphi_c(t)\|^2)\times\\&\|\delta_c(t)+w_c^{*\mathrm{T}}(t)\varphi_c(t)-r_x(t)-\lambda\bar{\beta}J(t+1)-(1-\lambda)\beta\hat{W}_c^{\mathrm{T}}(t+1)\varphi_c(t+1)\|^2+\\&\|w_c^{*\mathrm{T}}\varphi_c(t)-r_x(t)-\lambda\bar{\beta}J(t+1)-(1-\lambda)\beta\hat{W}_c^{\mathrm{T}}(t+1)\varphi_c(t+1)\|^2\end{aligned} \tag{5.54}$$

通过推导可得

$$\begin{aligned}\Delta L_c(t)\leqslant&-\|\delta_c(t)\|^2+\theta_c\|\varphi_c(t)\|^2\|r_x(t)\|^2-(1-\theta_c\|\varphi_c(t)\|^2)\\&\times\|\delta_c(t)+V\|^2+\|V\|^2\end{aligned} \tag{5.55}$$

其中，$V=w_c^{*\mathrm{T}}(t)\varphi_c(t)-\lambda\bar{\beta}J(t+1)-(1-\lambda)\beta\hat{W}_c^{\mathrm{T}}(t+1)\varphi_c(t+1)$。

上式中的第二项 $r_x(t)$ 可推导为

$$\begin{aligned}r_x(t)&=x^{\mathrm{T}}(t)Qx(t)+u^{\mathrm{T}}(x(t))Ru(x(t))\\&\leqslant-\underline{\lambda}(Q)\|x(t)\|^2-2\underline{\lambda}(R)\|\delta_a(t)\|^2-2\underline{\lambda}(R)\|w_a^{*\mathrm{T}}\varphi_a(t)\|^2\end{aligned} \tag{5.56}$$

其中，$\delta_a(t)=\tilde{W}^{\mathrm{T}}(t)\varphi_a(t)$，$\underline{\lambda}(Q)$ 和 $\underline{\lambda}(R)$ 分别是 Q，R 的最小特征值。

由此，公式(5.55)可以写为

$$\begin{aligned}\Delta L_c(t)\leqslant&-\|\delta_c(t)\|^2-(1-\theta_c\|\varphi_c(t)\|^2)\times\|\delta_c(t)+V\|^2+\|V\|^2\\&+\theta_c\|\varphi_c(t)\|^2\{-\underline{\lambda}(Q)\|x(t)\|^2-2\underline{\lambda}(R)\|\delta_a(t)\|^2-2\underline{\lambda}(R)\|w_a^{*\mathrm{T}}\varphi_a(t)\|^2\}\end{aligned} \tag{5.57}$$

接下来，针对公式(5.48)中执行网络的相关部分 ΔL_a 进行差分，可得

$$\Delta L_a(t)=\frac{1}{\theta_a}tr\{\tilde{W}_a^{\mathrm{T}}(t+1)\tilde{W}_a(t+1)-\tilde{W}_a^{\mathrm{T}}(t)\tilde{W}_a(t)\} \tag{5.58}$$

根据上文中执行网络的权值更新率(5.45)可得

$$\hat{W}_a(t+1)=\hat{W}_a(t)-\theta_a F_c F_m \varphi_a(x(t))\times(\hat{W}_c^{\mathrm{T}}(t)\varphi_c(\hat{x}(t+1))+R_x(t)) \tag{5.59}$$

其中，$F_c=\left|\hat{W}_c^{\mathrm{T}}\left(\frac{\partial\varphi_c}{\partial x}\right)\right|$，$F_m=\left|\hat{W}_m^{\mathrm{T}}\left(\frac{\partial\varphi_m}{\partial u_e(t_i)}\right)\right|$。

根据公式(5.3)，我们得到执行网络权值误差更新率为

$$\tilde{W}_a(t+1)=\tilde{W}_a(t)-\theta_a F_c F_m \varphi_a(x(t))\times(\hat{W}^2)\mathrm{T}_c(t)\varphi_c(\hat{x}(t+1))+R_x(t)) \tag{5.60}$$

将公式(5.60)带入公式(5.58)中可得

$$\begin{aligned}\Delta L_a(t)=&-(4\underline{\lambda}(R)(1+\theta_a\|\varphi_a(t)\|^2)-1)\|\delta_a(t)\|^2-2\underline{\lambda}(Q)(1+\theta_a\|\varphi_a(t)\|^2)\|x(t)\|^2\\&-4\underline{\lambda}(R)\times(1+\theta_a\|\varphi_a(t)\|^2)\|w_a^{*2)\mathrm{T}}(t)\varphi_a(t)\|^2\\&+2(1+\theta_a\|\varphi_a(t)\|^2)\|F_m\|^2\|F_c\|^2\|\hat{W}^2)\mathrm{T}_c(t+1)\varphi_c(t+1)\|^2\end{aligned} \tag{5.61}$$

整合公式(5.49)、公式(5.57)和公式(5.61)，Lyapunov 函数的一阶差分可以转化为

$$\begin{aligned}\Delta L(t)\leqslant&-\|\delta_c(t)\|^2-(1-\theta_c\|\varphi_c(t)\|^2)\|V\|^2-\\&(1+\theta_c\underline{\lambda}(Q)\|\varphi_c(t)\|^2+2\underline{\lambda}(Q)(1+\theta_a\|\varphi_a(t)\|^2))\|x(t)\|^2-\\&(4\underline{\lambda}(R)(1+\theta_a\|\varphi_a(t)\|^2)+2\underline{\lambda}(R)\theta_c\|\varphi_c(t)\|^2-1)\|\delta_a(t)\|^2-\\&(4\underline{\lambda}(R)(1+\theta_a\|\varphi_a(t)\|^2)+2\underline{\lambda}(R)\theta_c\|\varphi_c(t)\|^2)\|w_a^{*2)\mathrm{T}}\varphi_a(t)\|^2+\Lambda\end{aligned} \tag{5.62}$$

其中，Λ 正数项定义如下

$$\begin{aligned}\Lambda&=2(1+\theta_a\|\varphi_a(t)\|^2)\|F_m\|^2\|F_c\|^2\|\hat{W}^2)\mathrm{T}_c(t+1)\varphi_c(t+1)\|^2+\|V\|^2+\|w_m^{*2)\mathrm{T}}\varphi_m(t)+\varepsilon_m\|^2\\&\leqslant\lambda^2\beta^2\bar{J}_{cm}^2+w_{cm}^2\varphi_{cm}^2+\beta^2(1-\gamma)^2w_{cm}^2\varphi_{cm}^2+w_{mm}^2\varphi_{mm}^2+2(1+\theta_a\varphi_{am}^2)F_{cm}^2F_{mm}^2w_{cm}^2\varphi_{cm}^2+\varepsilon_M^2\\&=\Lambda_m\end{aligned} \tag{5.63}$$

由此，ΔL 可以推导为

$$\begin{aligned}\Delta L(t)\leqslant&-[1+\theta_c\varphi_{cm}^2\underline{\lambda}(Q)+2\underline{\lambda}(Q)(1+\theta_a\varphi_{am}^2)]\|x(t)\|^2-\\&\|\delta_c(t)\|^2-[4\underline{\lambda}(R)(1+\theta_a\varphi_{am}^2)-1+2\underline{\lambda}(R)\theta_c\varphi_{cm}^2]\|\delta_a(t)\|^2-\\&[4\underline{\lambda}(R)(1+\theta_a\varphi_{am}^2)+2\underline{\lambda}(R)\theta_c\varphi_{cm}^2]w_{am}^2\varphi_{am}^2-\\&(1-\theta_c\varphi_{cm}^2)\|\delta_c(t)+V\|^2+\Lambda_m\end{aligned} \tag{5.64}$$

其中，$\bar{J}_{cm}$，w_{cm}，w_{am}，w_{mm}，φ_{am}，φ_{cm}，φ_{mm}，F_{cm}，F_{mm} 分别表示以下参数的上界，$\bar{J}(t)$，w_c(包括 w_c^* 和 $\hat{W}_c$)，w_a(包括 w_a^* 和 $\hat{W}_a$)，w_m(包括 w_m^* 和 $\hat{W}_m$)，$\varphi_c(t)$，$\varphi_a(t)$，$\varphi_m(t)$，F_c，F_m。

定义

$$D_x=1+\theta_c\varphi_{cm}^2\underline{\lambda}(Q)+2\underline{\lambda}(Q)(1+\theta_a\varphi_{am}^2)$$

$$D_a=4\underline{\lambda}(R)(1+\theta_a\varphi_{am}^2)-1+2\underline{\lambda}(R)\theta_c\varphi_{cm}^2$$

则只要下列条件之一成立，就可以得到 $\Delta L<0$，这表明当事件触发发生在 t 时刻时，闭环系统状态和神经网络权值估计误差一致最终有界。

(2)事件在 t 时刻未被触发。

事件在 t 时刻未被触发的情况下，参考公式(5.15)和公式(5.49)，Lyapunov 函数(5.48)中第一项的差分可以写为

$$\begin{aligned}\Delta L_m &\leqslant 2L_1^2\ \|x(t)\|^2+2L_1^2\ \|e_x(t)\|^2-\|x(t)\|^2\\ &=-(1-2L_1^2)\ \|x(t)\|^2+2L_1^2\ \|e_x(t)\|^2\end{aligned}\tag{5.65}$$

t 时刻未被触发的情况下神经网络权值没有进行更新，则 $\Delta L_c=0$，$\Delta L_a=0$。将触发条件(5.21)带入上式中，我们可以得到 $\Delta L_m\leqslant-(1+2\underline{\lambda}(Q)(2+\theta_a\varphi^2(x_{am}))6L_1^2)\ \|x(t)\|^2$，由此可得 $\Delta L<0$，这表明系统状态和神经网络权值误差一致最终有界。证毕。

5.4 案例及仿真分析

在本章节中，按照图 5.2 所示的事件触发 HDP(λ)最优控制框图设计控制策略，利用两个离散时间系统仿真实例：质量-弹簧-阻尼器系统和扭摆系统来验证所分析理论的可靠性以及所提事件触发 HDP(λ)算法的有效性。图 5.2 中的系统模块单元由上述两个仿真系统表示，在获得最优控制律的过程中，根据前面章节介绍的算法原理，分别建立了相应的模型神经网络、执行神经网络和评价神经网络。根据算法流程在事件触发条件下，设计神经网络权值更新策略来逼近系统最优控制率。

HDP(λ)算法中参数 λ 的调节可以优化控制算法的性能，且得出结论当参数 λ 的值越接近 1，系统的控制性能越好。因此，在本章节的仿真过程中，我们设置参数 $\lambda=0.95$。为了更好地比较控制性能，在下面的仿真中，传统 HDP 算法和本章所提的事件触发 HDP(λ) 方法在相同参数条件下进行控制效果的比较，详细介绍了相关性能以及结果分析。

5.4.1 仿真 1：质量-弹簧-阻尼器系统

考虑质量-弹簧-阻尼器系统的动态函数如下：

$$\begin{cases}\dot{x}_1=x_2\\ \dot{x}_2=-\dfrac{b}{M}x_1-\dfrac{k_{s1}}{M}x_2+\dfrac{u}{M}\end{cases}\tag{5.66}$$

其中，$M=1\text{kg}$ 是物体的质量，选择线性弹簧常数 $k_{s1}=9\text{N/m}$，运动阻力 $b=3\text{N}\cdot\text{s/m}$。

将目标位置 x_1 及其速度 x_2 设置为系统状态，并使用 $\Delta t=0.01\text{s}$ 的采样周期进行离散化，系统动态函数可导出为离散时间系统，如下所示：

$$\begin{aligned}x_1(t+1)&=0.0099x_2(t)+0.9996x_1(t)\\ x_2(t+1)&=-0.0887x_1(t)+0.97x_2(t)+0.0099u(t)\end{aligned}\tag{5.67}$$

控制系统的代价函数定义为 $r_x(t)=x^{\mathrm{T}}(t)Qx(t)+u^{\mathrm{T}}(x(t_i))Ru(x(t_i))$，其中参数矩阵 $Q=[0.4\ 0;\ 0\ 0.4]$，$R=0.2$。初始状态设置为 $x_0=[-1,\ 1]$，触发条件(5.21)中参数 $L_1=0.09$，神经网络的相关参数设置列在表 5.1 中。

表 5.1 仿真分析中神经网络学习参数设置

参数	θ_m	θ_c	θ_a	β	Hmn	Hcn	Han
仿真 1	0.1	0.05	0.25	0.5	6	16	16
仿真 2	0.1	0.16	0.16	0.5	6	9	9

在最优控制策略在线学习之前，预先对模型神经网络进行训练，该模型包含三个输入神经元：$x_1(t)$，$x_2(t)$，$u(t)$以及两个输出神经元：$\hat{x}_1(t+1)$，$\hat{x}_2(t+1)$。

为了更好地训练模型网络，$t=0$ 时的初始输入信号必须是初始容许控制。从图 5.3 所示的迭代过程中误差平方和的轨迹中可以看出，通过 2000 次模型神经网络训练，$\hat{x}(t+1)$ 近似真实系统状态 $x(t+1)$ 且阶跃误差小于10^{-6}，由此可以得到最优模型神经网络权值 W_m^*。

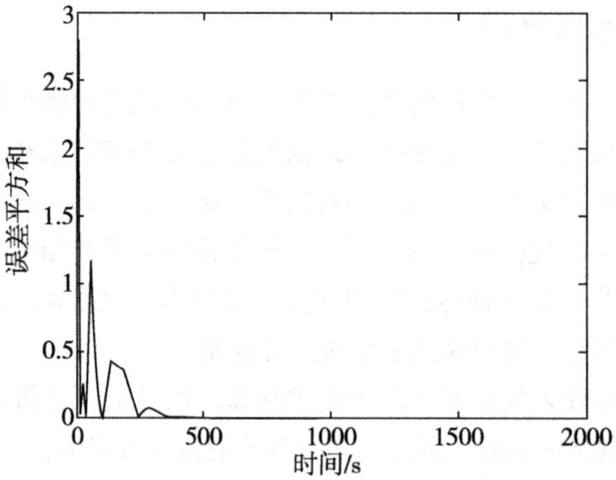

图 5.3 仿真 1 模型网络的误差平方和

在仿真 1 中，对于每一次迭代过程，采用 2-16-1 的三层执行-评价神经网络结构进行在线训练。初始输出权值分别设置为-1 和 1，隐含层权值保持不变。在每一次迭代过程中，一旦输出的权值训练误差降到10^{-5}以下或时间长度大于 500 步，则终止此次迭代训练过程。当迭代次数达到最大值(本例中为 20 次)或误差降到10^{-6}以下时，结束全部迭代过程。

对于本章提出的事件触发 HDP(λ)算法，为了比较训练性能，我们使用 20 次迭代中最后一次迭代的控制率进行分析。表 5.2 列出了不同方法类型中累计采样时刻的总数对比。在图 5.4 中可以看出，ETHDP(λ) 的最后一次迭代中，触发时刻的累计数量远小于传统 HDP，采样次数从 600 减少到了 118。同时，ETHDP(λ)的触发采样总数为 2303 次，仅占 HDP (λ) 采样总数 12000 次的 19%。

表 5.2 不同方法的累计采样数量对比

方法	HDP	HDP(λ)	ETHDP(λ)
仿真 1	600	12000	118
仿真 2	200	2000	73

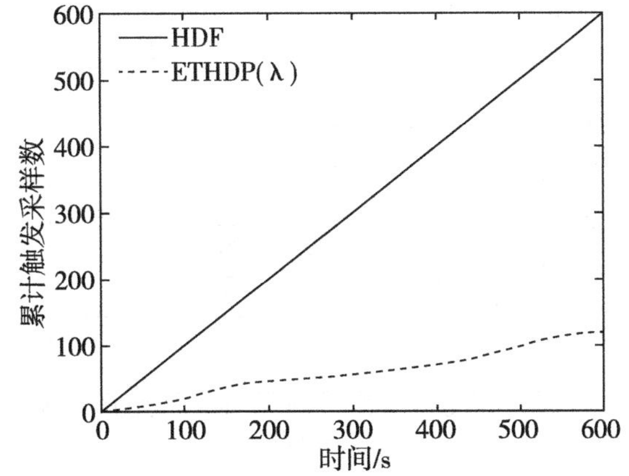

图 5.4 仿真 1 实时累计触发采样数对比

传统 HDP 和 ETHDP(λ)方法的系统状态轨迹如图 5.5 所示。可以看出，ETHDP(λ)的训练速率加快，并且在考虑长期收益返回参数 λ 的情况下，以事件触发的采样方式控制系统状态，其性能优于传统 HDP 方法。此外，在图 5.6 中，从评价神经网络近似误差的比较可以看出 ETHDP(λ)在经过几次迭代后具有比 HDP 更好的控制性能。

事件触发控制的变化轨迹 u_e 和 ETHDP(λ)的执行神经网络权值的收敛轨迹如图 5.7 和图 5.8 所示。此外，在图 5.9 中列出了 ETHDP(λ) 算法最后一次迭代的事件触发误差和触发阈值的变化轨迹。所有这些结果都表明，当且仅当 $t=t_i$ 时刻满足触发条件时，控制输入进行更新，在$[t_i, t_{i+1})$的触发间隔内保持不变。

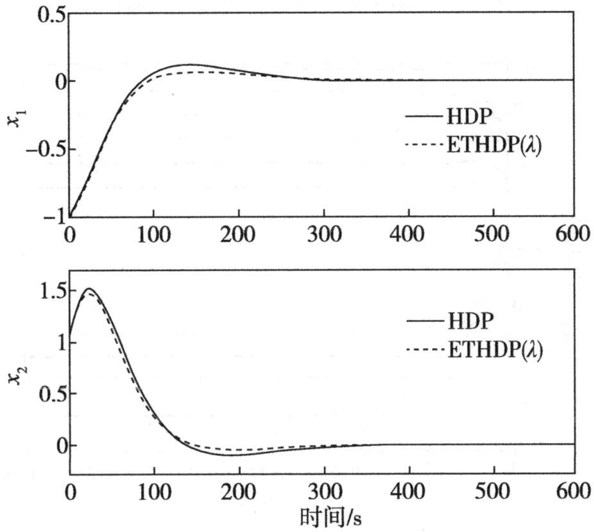

图 5.5 仿真 1 系统状态变化轨迹

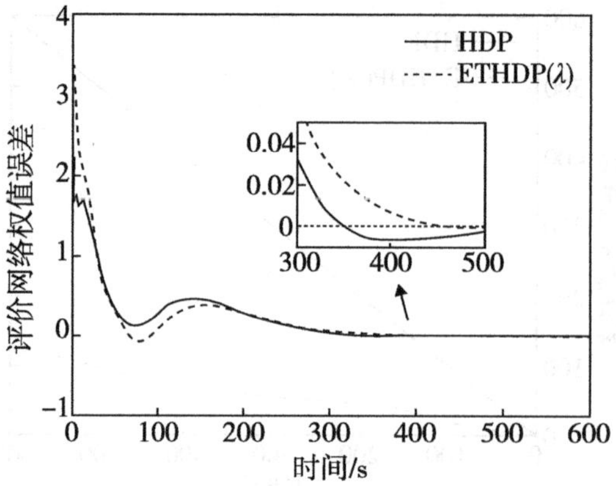

图 5.6　仿真 1 中 ETHDP（λ）算法的评价网络权值误差

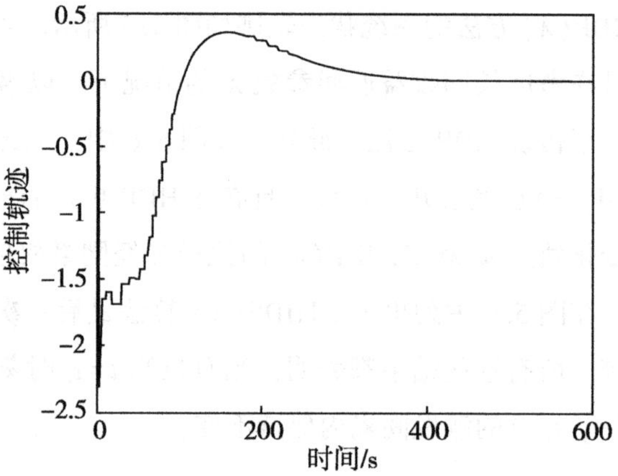

图 5.7　仿真 1 中 ETHDP（λ）算法的控制轨迹

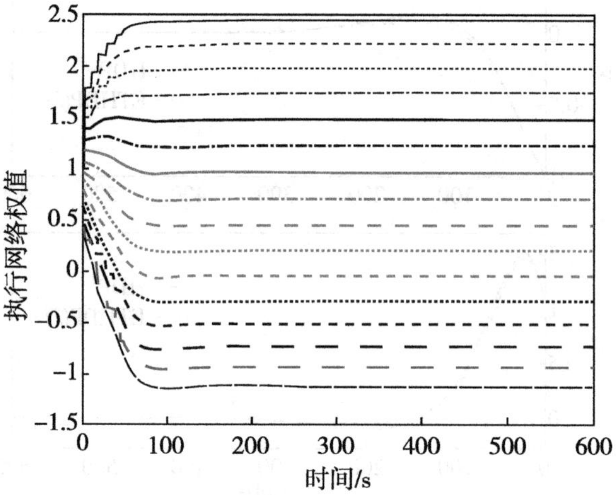

图 5.8　仿真 1 中 ETHDP（λ）算法的执行网络权值

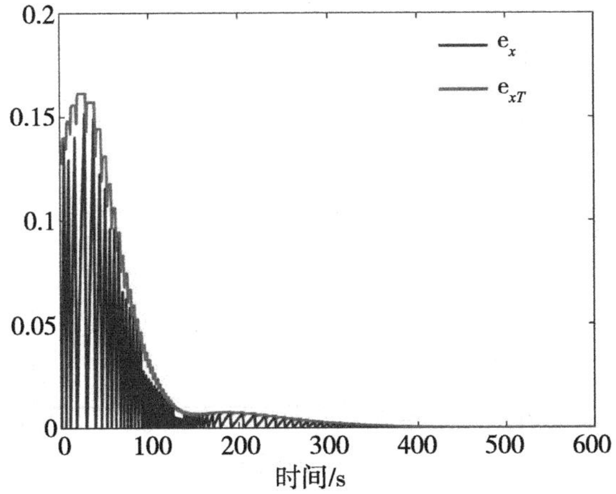

图 5.9 仿真 1 中 ETHDP（λ）算法的事件触发误差及其阈值变化轨迹

5.4.2 仿真 2：扭摆系统

在这一部分中，参考文献[127]通过推导以下原始动力学方程，对扭摆系统进行了仿真：

$$\begin{cases} \dfrac{\mathrm{d}\theta}{\mathrm{d}t}=\omega \\ K\dfrac{\mathrm{d}\omega}{\mathrm{d}t}=u-Mgl\sin\theta-f_d\dfrac{\mathrm{d}\theta}{\mathrm{d}t} \end{cases} \tag{5.68}$$

其中，M 是扭摆的质量，l 是摆杆的长度，g 是重力加速度。此外，转动惯量定义为 J，摩擦系数为 f_d。详细参数设计见表 5.3。

表 5.3 仿真 2 系统参数设置

K	M (kg)	l(m)	g(m/s^2)	f_d	Δt(s)
$4/3Ml^2$	1/3	2/3	9.8	0.2	0.01

将扭摆系统动力学方程转化为如下离散时间系统状态方程：

$$\begin{aligned} x_1(t+1) &= 0.1x_2(t)+x_1(t) \\ x_2(t+1) &= -0.49\sin(x_1(t))-0.1f_d\cdot x_2(t)+x_2(t)+0.1u(t) \end{aligned} \tag{5.69}$$

其中，系统参数选择如表 5.3 所示，系统状态设置为 $x_1(t)=\theta(t)$，$x_2(t)=\omega(t)$。

仿真 2 中代价函数的参数矩阵设置为 $Q=[0.1\ 0;\ 0\ 0.1]$ 且 $R=0.01$，系统状态初始化为 $x_0=[-1,\ 1]$，触发控制条件(5.21)中的参数设置为 $L_1=0.2$。同时，表 5.1 列出了仿真 2 中的神经网络参数。

与仿真 1 相同，模型神经网络提前训练，通过 20 神经网络训练得到的误差平方和的轨迹如图 5.10 所示。然后，在每次在线迭代过程中，以 2-9-1 的三层网络结构在线训练执行-评价神经网络。两个网络的初始输出权值分别设置为-1 和 1，隐含层权值在训练过程中保持不变。同时，训练迭代过程的终止条件设置与上述仿真 1 相同。

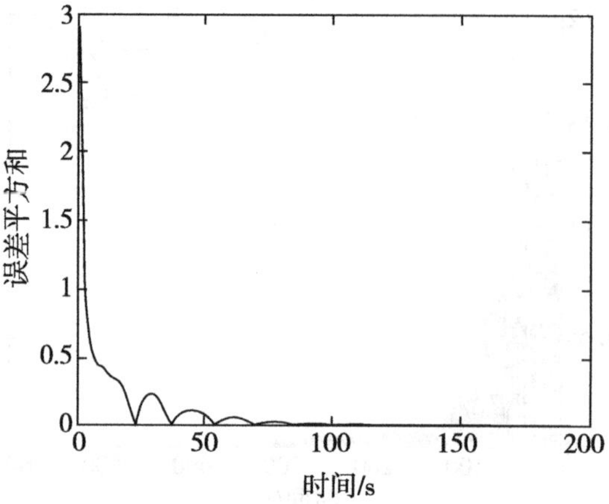

图 5.10　仿真 2 中模型网络的误差平方和

表 5.2 列出了传统 HDP、HDP(λ)和 ETHDP(λ)三种算法累计控制采样数量的仿真结果比较。ETHDP(λ) 10 次迭代触发的总采样数仅为 HDP(λ)总采样数的 35.45%。图 5.11 展示了实时累计触发采样数量的变化，通过使用本章设计的事件触发机制，最终迭代的总触发次数从 200 减少到 73，大大降低了控制和带宽资源的使用，提高了控制效率。

图 5.12 是传统 HDP 和 ETHDP(λ)方法的状态变化轨迹，可以看出 ETHDP(λ)采样事件触发控制机制比传统 HDP 具有更好的控制性能。与此同时，图 5.13 展示了评价神经网络权值误差的变化对比，ETHDP($\lambda=0.95$)在经过几次迭代后比不考虑长期返回收益 λ 参数的传统 HDP 算法训练速度明显加快。

图 5.14 展示了最后一次迭代过程的事件触发控制变化轨迹 u_e，ETHDP(λ)的执行网络权值变化轨迹如图 5.15 所示。图 5.16 是事件触发误差及其阈值的变化轨迹，可以看出，控制输入在 $t=t_i$ 的触发采样时刻进行控制更新，并在$[t_i, t_{i+1})$的触发间隔内保持不变。

通过以上对仿真 1 和仿真 2 结果的介绍和分析，充分证明了本章所提方法在事件触发机制下具有良好的控制性能。

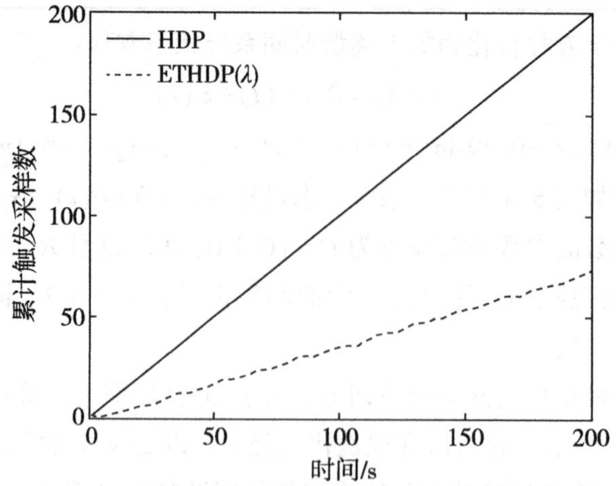

图 5.11　仿真 2 实时累计触发采样数对比

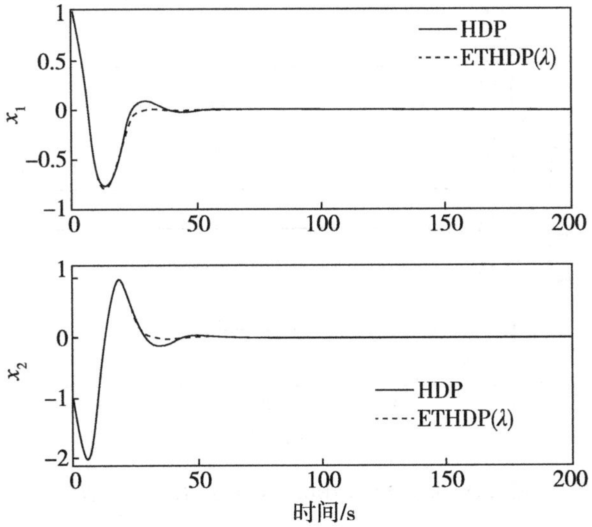

图 5.12 仿真 2 系统状态变化轨迹

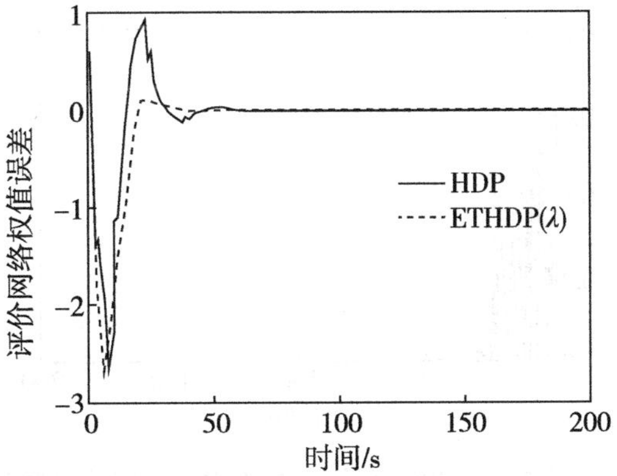

图 5.13 仿真 2 中 ETHDP（λ）算法的评价网络权值误差

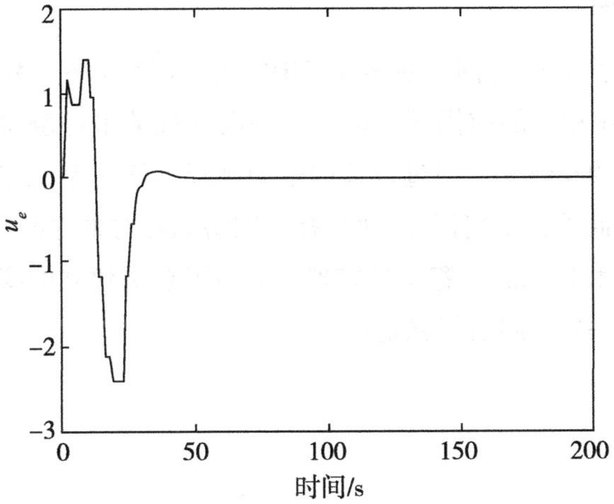

图 5.14 仿真 2 中 ETHDP（λ）算法的控制轨迹

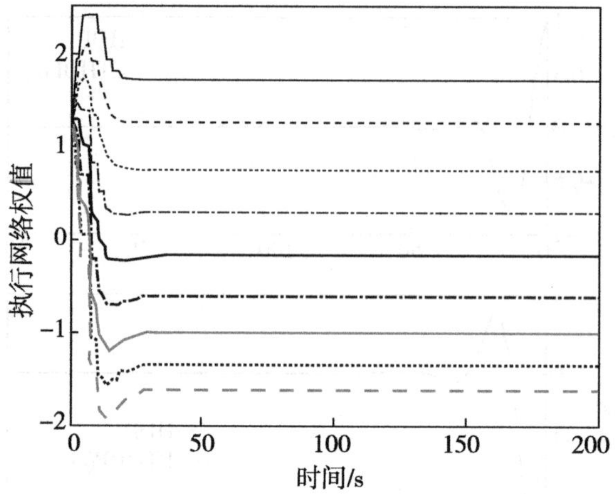

图 5.15　仿真 2 中 ETHDP (λ)算法的执行网络权值

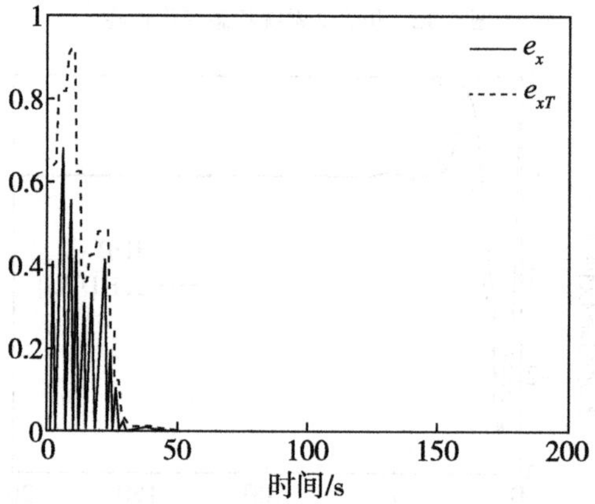

图 5.16　仿真 2 中 ETHDP (λ)算法的事件触发误差及其阈值变化轨迹

5.5　本章小结

本章提出了非线性离散时间系统的 ETHDP(λ)控制策略。考虑了一个长期预测参数 λ，同时在保证系统稳定的前提下，设计了每次迭代的事件触发条件。两个算例的仿真结果验证了该方法的有效性。通过设计的模型神经网络对系统状态进行评估，得到目标值的 λ 返回收益。此外，采用评价-执行神经网络结构对事件触发最优控制和一步返回值函数进行逼近。应用 Lyapunov 稳定性定理，证明了在所建立的事件触发条件下系统状态和权值更新误差的一致最终有界稳定性。

第六章 基于优先经验回放的水下航行器自适应跟踪控制应用

随着科技的发展，水下航行器(Autonomous underwater vehicles , AUV)在海洋科研方面应用广泛，并在海洋环境监测、资源勘探、海底管道维护等方面发挥重要作用。AUV沿期望路径的轨迹跟踪控制是一项重要的任务，由于复杂海洋环境如洋流、深水压力、风速风向等的影响，加之水动力系数的不确定性及复杂性，人们很难建立水下航行器精确的动力学模型，闭环控制系统呈现强耦合，非线性及时变等复杂特性，需要建立智能的控制策略实现水下航行的高效定深轨迹跟踪[146, 147]。

AUV 轨迹跟踪控制的目的是在遇到复杂的不确定性和干扰时，设计控制率保证 AUV 运动系统从初始状态到参考轨迹的可控性，并保证跟踪控制系统误差的一致渐近稳定。主要是当航行器浮力基本平衡后，在一定纵摆速度的基础上，通过调节航行器的首摆角和纵摇角实现位置和角度的定深轨迹跟踪控制。目前研究的相关控制方法有传统的 PID 控制[148]、滑模控制[149]、神经网络[150]等。由于传统 PID 参数需要适应模型参数的变化，并且 AUV 动力学模型参数存在不确定性，因此很难满足控制需求。考虑模型的不确定性，采用自适应策略或鲁棒方法来实现轨迹跟踪被提出，有些学者考虑了存在执行器故障情况下的鲁棒控制，并利用 Lyapunov 方法验证其稳定性[151]。

虽然人们已经讨论了多种非线性控制方法，并在 AUV 控制方面取得了许多有意义的成果，但现有的方法大多不能解决参数不确定性和环境干扰下 AUV 的通用自适应控制问题。换言之，大多数非线性控制方法通常是预定义的控制器(采用固定参数和已知系统模型设计)。基于计算智能的航行控制器具有良好的学习和自适应能力，可以对飞行器的参数和环境不确定性进行在线学习控制。

与传统的控制方法(如滑模控制、backstepping、LQR 和 LPV 等)相比，自适应动态规划 ADP 具有两个优点。第一，ADP 是一种数据驱动的学习控制方法，不必依赖数学模型(必要时可以使用基于数据的模型)。第二，当系统受到噪声或干扰时，ADP 控制器中的参数会随着时间的推移而更新。因此，与传统的控制方法相比，它具有在线学习的优点，适合 AUV 轨迹跟踪控制[152,153]。与基于近似的控制方法(如基于神经网络的控制和基于模糊逻辑的控制)相比，ADP 方法被认为是基于 Bellman 的最优性原理，直接提供一种近似的最优控制。在基于逼近的方法中，逼近器(如神经网络、径向基函数等)用于估计未建模的非线性或操作过程中的动态变化(如系统故障)，逼近器通常输出补偿信号来补偿非线性特性。基于此，本章提出了一种基于 ADHDP 和滑模控制相结合的自适应定深轨迹跟踪控制策略，用于 AUV 对期望状态轨迹的跟踪控制。

本章的主要内容包括：(1)采用 ADHDP 与传统的滑模控制相结合产生一个辅助控制信号。利用传统的滑模控制提供使系统处于正常工作状态的控制信号，而 ADHDP 则是围绕正常工作状态提供辅助调整，以提高跟踪性能。当被控 AUV 遇到参数不确定性和环境干扰时，ADHDP 可以提出有助于改善 SMC 性能的控制策略。(2)辅助控制利用了基于 ADHDP 的学习原理，并考虑加权的有限经验回放技术，为 AUV 开发了一种自适应数据驱动控制。该控制器能够减小跟踪误差，并根据扰动和参数不确定性自动调整，从而提高了自适应控制性能。(3)利用 Lyapunov 稳定性理论，证明了闭环系统状态与网络权值误差的稳定性，并在 AUV 跟踪控制实例中将所提出的控制策略与传统的滑模控制方法进行比较，说明了改进后的控制性能。

6.1 水下航行器建模与问题描述

本章主要讨论水下航行器在水平面上位置和姿态的自适应跟踪问题。采用航行器前后两侧的两个方向舵作为控制输入，所考虑的系统的原理如图 6.1 所示。水下航行器的动力学行为是通过线性动量和角动量牛顿定律来描述的。由于流体动力附加质量、升力、阻力、科氏力和向心力等的作用，这种航行器的运动方程具有高度的非线性、时变、耦合和不确定特性。

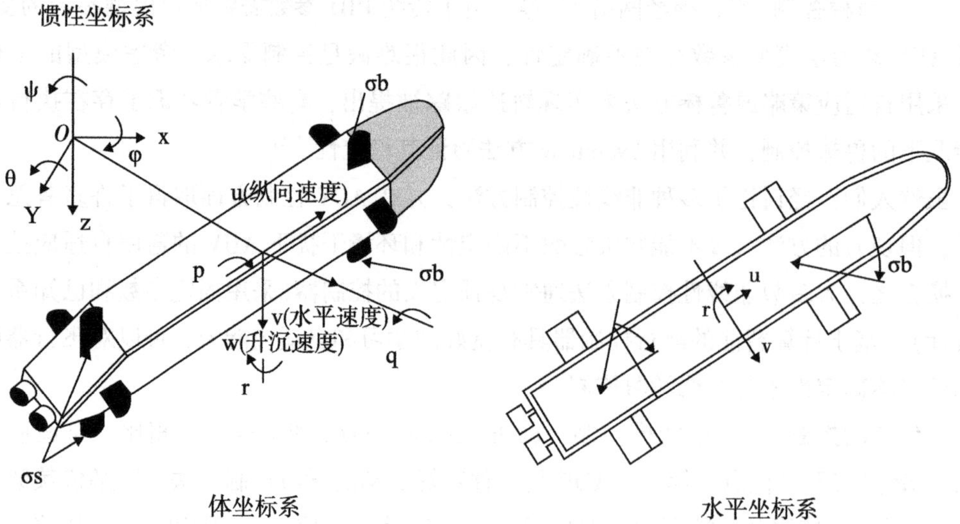

图 6.1 AUV 系统原理

其水平面上的数学模型考虑如下两部分：一部分是非线性摇摆(相对于车辆纵轴的平

移运动)；另一部分是偏航(相对于垂直轴的旋转运动)。相关的牛顿运动方程如下：

$$m(\dot{V}+ur+x_G\dot{r}-y_Gr^2)=Y$$

$$I_z\dot{r}+mx_G(\dot{V}+ur)-my_Gvr=N \tag{6.1}$$

其中，v 和 r 是相对于水的摇摆和偏航速度，Y 和 N 分别表示总的励磁摆力和偏航力矩，x_G 和 y_G 表示飞行器在固定局部框架内重心的坐标。m 和 I_z 分别代表航行器的质量和惯性质量矩。

由此可得

$$\dot{V}[m-Y_{\dot{V}}]+\dot{r}[mx_G-Y_{\dot{r}}]=Y_{\delta_s}\delta_su^2+Y_{\delta_b}\delta_bu^2-d_1(v,\ r)+Y_vuv+(Y_r-m)ur$$

$$\dot{V}[mx_G-N_{\dot{V}}]+\dot{r}[I_z-N_{\dot{r}}]=N_{\delta_s}\delta_su^2+N_{\delta_b}\delta_bu^2-d_2(v,\ r)+N_vuv+(N_r-mx_G)ur \tag{6.2}$$

利用上式，同时考虑航行器偏航率和惯性位置速率的表达式，在水平面上航行器完整的运动方程表示为

$$\dot{V}=a_{11}uv+a_{12}ur+b_{11}u^2\delta_s+b_{12}u^2\delta_b \tag{6.3a}$$

$$\dot{r}=a_{21}uv+a_{22}ur+b_{21}u^2\delta_s+b_{22}u^2\delta_b \tag{6.3b}$$

$$\dot{\psi}=r \tag{6.3c}$$

$$\dot{x}=u\cos\psi-v\sin\psi \tag{6.3d}$$

$$\dot{y}=u\sin\psi+v\cos\psi \tag{6.3e}$$

其中，ψ 是偏航角，x 和 y 是水平面上延坐标轴方向的位移，a_{ij}和 b_{ij}是求解公式(6.2)从而得到的相关系数，且 $a_{ij}=\begin{bmatrix}-1.4776 & -0.3083\\ -1.8673 & -1.2682\end{bmatrix}$，$b_{ij}=\begin{bmatrix}0.2271 & 0.1454\\ -1.9159 & 1.2112\end{bmatrix}$。

注释 6.1：根据参考文献[154]和文献[155]，在常规巡航过程中，上式中的阻力相关项 $d_v(v,\ r)$ 和 $d_r(v,\ r)$很小，可以忽略不计。所有参数 a_{ij}和 b_{ij}至少包含两个水动力系数，如 $Y_{\dot{V}}$，$Y_{\dot{r}}$，$N_{\dot{V}}$，$N_{\dot{r}}$等，因此具有不确定性。

基于水下航行器的非线性方程，定义系统状态为 $z=[v,\ r,\ \psi,\ x,\ y]^{\mathrm{T}}$，控制输入为 $\mu=[\delta_b,\ \delta_s]^{\mathrm{T}}$。本章的控制目标是设计一个自适应控制率使水下航行器的位置和姿态由初始位置 $d_0=[y_0,\ \psi_0]^{\mathrm{T}}$ 完美跟踪预定轨迹 $d^*=[y_d,\ \psi_d]^{\mathrm{T}}$。

6.2 水下航行器位置与姿态跟踪的滑模控制设计

对公式(6.3d) 和公式(6.3e)求导数可得

$$\ddot{y}=u\dot{\psi}\cos\psi+\dot{V}\cos\psi-v\dot{\psi}\sin\psi$$

$$\ddot{\psi}=\dot{r} \tag{6.4}$$

代入公式(6.3b)和公式(6.3c)，可得

$$\ddot{y}=(a_{11}uv+a_{12}u\dot{\psi}+b_{11}u^2\delta_s+b_{12}u^2\delta_b)\cos\psi+u\dot{\psi}\cos\psi-v\dot{\psi}\sin\psi$$

$$\ddot{\psi}=a_{21}uv+a_{22}ur+b_{21}u^2\delta_s+b_{22}u^2\delta_b \tag{6.5}$$

在本节中，设计了一个滑模跟踪控制输入 u_s，滑模控制输入 $u_s=[\delta_s,\ \delta_b]^{\mathrm{T}}$ 以显式形式存在于公式(6.5)中，由此可得

$$\begin{bmatrix}\ddot{y}\\ \ddot{\psi}\end{bmatrix}=\begin{bmatrix}f_y(z)\\ f_\psi(z)\end{bmatrix}+\begin{bmatrix}b_y(z)\\ b_\psi(z)\end{bmatrix}\begin{bmatrix}\delta_s\\ \delta_b\end{bmatrix} \tag{6.6}$$

其中，

$$f_y(z)=a_{11}uv\cos\psi-rv\sin\psi+a_{12}ur\cos\psi+ur\cos\psi$$

$$f_\psi(z)=a_{21}u^2v+a_{22}ur$$

$$b_y(z)=\begin{bmatrix}b_{11}u^2\cos\psi\\ b_{12}u^2\cos\psi\end{bmatrix}^{\mathrm{T}}$$

$$b_\psi(z)=\begin{bmatrix}b_{21}u^2\\ b_{22}u^2\end{bmatrix}^{\mathrm{T}}$$

y_d 和 ψ_d 是控制跟踪的预定轨迹，水下航行器位置和姿态的跟踪误差可写为

$$\tilde{y}=y-y_d,\ \tilde{\psi}=\psi-\psi_d$$

基于等效滑模控制 ESMC，定义滑模控制率为

$$u_s=[\delta_s,\ \delta_b]^{\mathrm{T}}=u_r+u_{eq} \tag{6.7}$$

其中，u_r 是到达控制，能够保证状态到达滑模面；u_{eq} 是等效控制，能够确保状态不离开滑模面。

由此，滑模面定义为

$$s(e)=\left(\frac{\mathrm{d}}{\mathrm{d}t}+\lambda\right)^{n+1}e,$$

$$\dot{s}(e)=\left(\frac{\mathrm{d}}{\mathrm{d}t}+\lambda\right)^{n+1}\dot{e}$$

其中，$\lambda>0$，$e=\tilde{y}$，$\tilde{\psi}$，$n=2$。

为了得到到达控制率，设置滑模面 s_y 和 s_ψ 如下：

$$\begin{bmatrix}s_y\\ s_\psi\end{bmatrix}=\begin{bmatrix}\dot{\tilde{y}}+\lambda_1\tilde{y}\\ \dot{\tilde{\psi}}+\lambda_2\tilde{\psi}\end{bmatrix}=\begin{bmatrix}\dot{y}-\dot{y}_r\\ \dot{\psi}-\dot{\psi}_r\end{bmatrix}=0 \tag{6.8}$$

其中，$\dot{y}_r=\dot{y}_d-\lambda_1\tilde{y}$ 和 $\dot{\psi}_r=\dot{\psi}_d-\lambda_2\tilde{\psi}$ 是参考信号。

定义 $\ddot{N}_r=[\ddot{y}_r,\ \ddot{\psi}_r]$，当 $\dot{S}=0$ 时，得到

$$\begin{bmatrix}\ddot{y}\\ \ddot{\psi}\end{bmatrix}-\ddot{N}_r=0 \tag{6.9}$$

参考公式(6.6)，上式可转化为

$$\begin{bmatrix} f_y(z) \\ f_\psi(z) \end{bmatrix} + \begin{bmatrix} b_y(z) \\ b_\psi(z) \end{bmatrix} u_{eq} - \ddot{N}_r = 0$$

由此可得

$$u_{eq} = \begin{bmatrix} b_y(z) \\ b_\psi(z) \end{bmatrix}^{-1} \left[\ddot{N}_r - \begin{bmatrix} f_y(z) \\ f_\psi(z) \end{bmatrix} \right] \tag{6.10}$$

为了保证满足滑模到达条件，设计滑模到达控制律为

$$u_r = B^{-1} K \mathrm{sgn}(s) \tag{6.11}$$

其中，$B = [b_y(z), b_\psi(z)]^{\mathrm{T}}$。

整合公式(6.7)、公式(6.10) 和公式(6.11)，可得滑模控制率为

$$u_s = B^{-1} [\ddot{N}r - A + K \mathrm{sgn}(s)] \tag{6.12}$$

其中，$A = [f_y(z), f_\psi(z)]^{\mathrm{T}}$。

定理 6.1：滑模控制率设计为(6.12)，水下航行器的位置和姿态跟踪误差可以到达滑模面并在此后不离开滑模面，同时，可以保证系统状态的渐近稳定。

证明定义 Lyapunov 函数如下：

$$L_h = \frac{1}{2} s_h^{\mathrm{T}} s_h, \quad h = y, \ \psi$$

$$\dot{L}_h = s_h^{\mathrm{T}} \dot{s}_h \tag{6.13}$$

求导可得

$$\dot{L}_y = s_y^{\mathrm{T}} \dot{s}_y = s_y^{\mathrm{T}} (\ddot{y} - \ddot{y}_r)$$

$$\dot{L}_\psi = s_\psi^{\mathrm{T}} \dot{s}_\psi = s_\psi^{\mathrm{T}} (\ddot{\psi} - \ddot{\psi}_r) \tag{6.14}$$

将公式(6.12) 代入公式(6.6)，可得

$$\begin{bmatrix} \ddot{y} \\ \ddot{\psi} \end{bmatrix} = A + BB^{-1} [\ddot{N}_r - A + K_h \mathrm{sgn}(s)] \tag{6.15}$$

推导可得

$$\begin{bmatrix} \ddot{y} \\ \ddot{\psi} \end{bmatrix} - \ddot{N}_r = -K_h \mathrm{sgn}(s) \tag{6.16}$$

整合公式(6.16)，公式(6.14)可写成

$$\dot{L}_y = s_y^{\mathrm{T}} [-K_y \mathrm{sgn}(s_y)] < 0$$

$$\dot{L}_\psi = s_\psi^{\mathrm{T}} [-K_\psi \mathrm{sgn}(s_\psi)] < 0 \tag{6.17}$$

综上所述，满足 Lyapunov 稳定性条件，证毕。

注释 6.2：本节设计的滑模控制器可作为水下航行器跟踪的基本控制。当面对如干扰、动态不确定等复杂外部环境时，滑模控制性能无法得到保证。为提高跟踪控制的自

适应程度，应对更加复杂的外部环境，下一章节设计自适应优化控制策略为基本滑模控制率提供必要的补充控制，提高跟踪控制的性能。

6.3 基于优先经验回放的 ADHDP 跟踪控制设计

根据巡航条件设计水下航行器系统在 $t=0$ 的初始状态 $z_0=z(0)$，经过上一章节滑模控制 $u_s(t)$，t 时刻位置和姿态的状态信息 $y_s(t)$ 和 $\psi_s(t)$ 可由公式(6.5)获得。在本节中，针对上述滑模跟踪控制所产生的剩余跟踪误差 $\bar{\omega}_y=y_d-y_s$ 和 $\bar{\omega}_\psi=\psi_s-\psi_d$，设计补偿的自适应学习策略，同时利用考虑优先级的经验回放对历史数据进行有效利用，更好地满足了持续性激励条件。

6.3.1 ADHDP 控制算法

首先，对 ADHDP 跟踪控制的误差状态和控制输入进行定义，$\bar{\omega}(t)=[\bar{\omega}_1(t),\ \bar{\omega}(t-\Delta t)]$是状态向量，$u_p(t)=[u_p^{\delta s}(t),\ u_p^{\delta b}(t)]^{\mathrm{T}}$是 t 时刻的自适应控制输入，其中 $\bar{\omega}_1(t)=[\bar{\omega}_y(t),\ \dot{\bar{\omega}}_y(t),\ \bar{\omega}_\psi(t),\ \dot{\bar{\omega}}_\psi(t)]$。状态是每隔 Δt 进行的均匀采样，$\bar{\omega}_1(t-\Delta t)$表示前一时刻的状态量。因此，$t$ 时刻的效用函数可以写为

$$r_{\bar{\omega}}(t)=\bar{\omega}(t)^{\mathrm{T}}R\bar{\omega}(t)+u_p(t)^{\mathrm{T}}Qu_p(t) \tag{6.18}$$

其中，R 和 Q 是具有合适维度的正定矩阵，由此可得，当且仅当 $\bar{\omega}(t)=0$ 且 $u_p(t)=0$ 时 $r_{\bar{\omega}}(t)=0$，否则，$r_{\bar{\omega}}(t)>0$。

考虑折扣因子β，最小化代价函数如下：

$$\begin{aligned}J(\bar{\omega}(t))=&\min_{u_p(t)}\{r_{\bar{\omega}}(\bar{\omega}(t),\ u_p(t))+\beta r_{\bar{\omega}}(\bar{\omega}(t+\Delta t),\ u_p(t+\Delta t))+\\&\beta^2 r_{\bar{\omega}}(\bar{\omega}(t+2\Delta t),\ u_p(t+2\Delta t))+\cdots+\\&\beta^n r_{\bar{\omega}}(\bar{\omega}(t+n\Delta t),\ u_p(t+n\Delta t))\},\ n\rightarrow\infty\\=&\min_{u_p(t)}\{r_{\bar{\omega}}(\bar{\omega}(t),\ u_p(t))+\beta J(\bar{\omega}(t+\Delta t))\}\end{aligned} \tag{6.19}$$

满足 Bellman 方程的最优解为

$$J^*(\bar{\omega}(t))=\min_{u_p(t)}\{r_{\bar{\omega}}(\bar{\omega}(t),\ u_p(t))+\beta J^*(\bar{\omega}(t+\Delta t))\} \tag{6.20}$$

在本节中，ADHDP 算法能够逼近求解(6.20)的最优解。当跟踪误差 $\bar{\omega}(t)$收敛到零时，我们能够得到最优控制率 $u_p(\bar{\omega}(t))=0$，且评价网络逼近的代价函数 $\hat{J}(\bar{\omega})$近似到最优解 $J^*(\bar{\omega})$，即 $\hat{J}(\bar{\omega})=J^*(\bar{\omega})=0$。这就表明水下航行器的位置和姿态跟踪上预定的轨迹。为了通过更快更稳定的学习策略提高计算效率，下一章节在 ADHDP 中引入考虑 λ 参数的优先采样方式进行经验回放。每次强化迭代学习期间的训练元组都使用优先级策略收集，并由 λ 参数加权。

6.3.2 考虑 λ 参数的优先经验回放采样

通过经验回放方法，采用加权的优先级设定方式选择采样信息，避免了神经网络训

练的局部极小和发散现象，由此可以将神经网络训练所必需的知识信息扩展到整个状态-动作空间。

在本章中，变量信息存储在经验回放元组中，用于当前 t 时刻的神经网络权值学习训练，t 时刻的数据元组定义为

$$g_t = [\tilde{\omega}(t-\Delta t),\ u_p(t-\Delta t),\ r_{\tilde{\omega}}(t),\ \tilde{\omega}(t)] \tag{6.21}$$

定义经验回放数据库为 $G=\{g_1,\ g_2,\ g_3,\ \cdots,\ g_L\}$，$L$ 表示数据库的尺寸，根据不同情况进行经验选取。数据库的总容量是固定的，数据库元组依照时间顺序被替换，当一个新的数据元组加入时，旧的数据元组被剔除，从而保证数据库容量保持不变。

本章节提出了基于概率密度函数(PDF)的优先抽样机制，该机制根据概率值进行 ER 元组分布。选取概率值最高的 ER 元组作为最高优先级的采样状态进行训练。第 k 个元组的抽样概率定义为

$$P(k) = \frac{p_k^{\alpha}}{\sum_{l=1}^{L-1} p_l^{\alpha}} \tag{6.22}$$

其中，$p_k^{\alpha}>0$ 是第 k 个元组的优先权重。$p_k = 1/(\mathrm{rank}(k))$ 且 $\mathrm{rank}(k)$ 表示第 k 个元组的排序，α 决定了使用优先级的程度，$\alpha=0$ 表示没有采用优先级的普通采样。ER 数据库中的第 k 个元组的排名 $\mathrm{rank}(k)$ 由评价网络误差 $|e_k|$ 的降序决定，即 $\mathrm{rank}(k)=h$，$[h=1,\ 2,\ \cdots,\ \mathrm{size}(e_k)]$。

在上面的描述中，采样概率作为元组选择的优先准则。通过上述方式得到的优先采样集可以定义为 $PG=\{p_1,\ p_2,\ p_3,\ \cdots,\ p_N\}$，$N\leqslant L$ 是训练使用的优先采样数量。然而，所选训练元组在当前训练过程中的作用不可一概而论，应该通过加权来区分不同优先级采样在训练过程中的重要程度。根据上述判定的优先采样的顺序，元组权重应逐渐减小。下面介绍权重的设计方法。

为了公平起见，训练所用采样的权重加和应该为 1，含 λ 参数的权重定义为

$$W_n^{\lambda} = \left[\sum_{n=1}^{N-1} \lambda^{n-1}\right]^{-1} \lambda^{n-1} \tag{6.23}$$

其中，所有权重的加和为 1，即 $\sum_{n=1}^{N-1} W_n^{\lambda} = 1$。

6.3.3 增强学习的权值更新设计

考虑 λ 参数的优先经验回放采样，图 6.2 给出了水下航行器位置与姿态自适应优化跟踪控制的流程框图。本章节考虑 λ 参数的优先经验回放采样，设计了含有三层反馈神经网络结构的评价网络和执行网络，通过网络结构的权值更新分别逼近求解代价函数 $J(t)$ 和学习训练最优控制率 u_p。

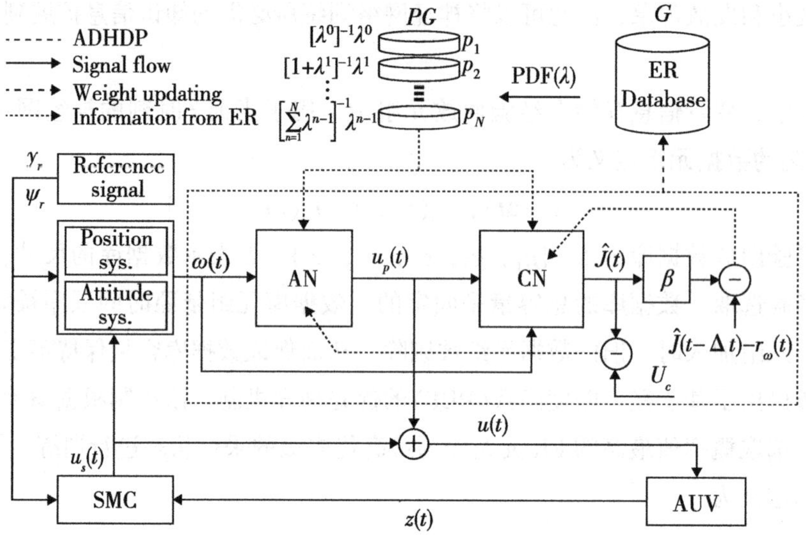

图 6.2　水下航行器自适应最优跟踪控制算法流程

1. 评价网络设计

评价网络的输入和输出信号定义为 $[\bar{\omega}(t)^{\mathrm{T}}, u_p^{\mathrm{T}}]^{\mathrm{T}}$ 和 $\hat{J}(t)$。通过最小化下列误差函数，使估计值 $\hat{J}(t)$ 逼近最优代价 $J(t)$。

$$e_c(t)=\beta\hat{J}(t)-[\hat{J}(t-\Delta t)-r_{\bar{\omega}}(t)] \tag{6.24}$$

采用梯度下降算法，定义权值更新的目标函数为 $E_c(t)=0.5e_c^2(t)$。则评价网络的输出信号可以由下列方程组推导而来：

$$\begin{aligned}
&\hat{J}(t)=\sum_{k=1}^{H_{co}}\hat{W}_{ck}^{(2)}(t)v_k(t)\\
&v_k(t)=\chi_c(l_k(t)), && k=1,2,\cdots,H_{co}\\
&l_k(t)=\sum_{i=1}^{m}\hat{W}_{ck,i}^{(1)}(t)\bar{\omega}_i(t)+\sum_{j=1}^{o}\hat{W}_{ck,j+m}^{(1)}(t)u_{pj}(t), && k=1,2,\cdots,H_{co}
\end{aligned} \tag{6.25}$$

其中，l_k 和 v_k 分别是输入和输出的隐含层信号。$\chi_c(t)=\chi_a(t)=(1-e^t)/(1+e^t)$ 是评价和执行网络的激活函数，H_{co} 是隐含层的神经元个数。

由此，基于 PER(λ)策略，考虑数据库 G 中的经验回放元组(6.22)，评价网络的更新率可写为

$$\hat{W}_c^{(2)}(t+\Delta t)=\hat{W}_c^{(2)}(t)+\Delta\hat{W}_c^{(2)}(t) \tag{6.26}$$

$$\Delta\hat{W}_c^{(2)}(t)=-\theta_c\left[\frac{\partial E_c(t)}{\partial\hat{W}_c^{(2)}(t)}\right]-\sum_{n=1}^{N-1}\theta_c W_n^{\lambda}\left[\frac{\partial E_{cn}(t)}{\partial\hat{W}_c^{(2)}(t)}\right] \tag{6.27}$$

$$\frac{\partial E_c(t)}{\partial\hat{W}_c^{(2)}(t)}=\frac{\partial E_c(t)}{\partial\hat{J}(t)}\frac{\partial\hat{J}(t)}{\partial\hat{W}_c^{(2)}(t)}=\beta e_c(t)\chi_c(t) \tag{6.28}$$

其中，$\theta_c>0$ 评价网络的学习率，E_{cn} 表示第 N 个存储元组产生的平方误差，$\chi_c(t)=$

$[v_1, v_2, \cdots, v_{Hco}]^T$ 且 $\hat{J}(t) = \hat{W}_c^{(2)\,T}\chi_c(t)$。

公式(6.27)的第一项是传统 HDP 算法中常规采样的权值更新部分，第一部分是考虑 λ 参数的优先经验回放采样的权值更新部分，包含了与当前时刻 t 相关的 $N-1$ 个采样信息。使用存储在经验回放数据库中的历史数据元组，基于优先采样方法最小化目标函数。同时，隐含层权值 $\hat{W}_c^{(1)}$ 随机初始化，并且在整个学习过程中保持不变。

2. 执行网络设计

将采样状态 $\bar{\omega}(t)$ 作为执行神经网络的输入信号，控制输出 $u_{pi}(t)$ 的学习过程定义为

$$\begin{aligned} u_{pi}(t) &= \chi_a(q_i(t)), & i &= 1, \cdots, N_u \\ q_i(t) &= \sum_{k=1}^{H_{ao}} w_{a,\,ki}^{(2)}(t) g_t(t), & i &= 1, \cdots, N_u \\ g_k(t) &= \chi_a(p_k(t)), & k &= 1, 2, \cdots, H_{ao} \\ p_k(t) &= \sum_{j=1}^{m} w_{ak}^{(1)}(t) \bar{\omega}_j(t), & k &= 1, 2, \cdots, H_{ao} \end{aligned} \tag{6.29}$$

其中，p_k，g_k 是隐含层的输入和输出，神经元的个数是 H_{ao}。对于水下航行器的跟踪控制来说，存在两个控制向量 $u_p^{\delta_s}(t)$，$u_p^{\delta_b}(t)$，由此输出变量的个数为 $N_u=2$。

设计执行网络逼近误差 $e_a(t)$，用来逼近期望的最终目标值 U_c，一般在实际跟踪过程中，我们定义跟踪误差为 0 的平衡点为系统的期望控制目标，因此定义 $U_c=0$。得到执行网络的逼近误差为

$$\begin{aligned} e_a(t) &= \hat{J}(t) - U_c \\ E_a(t) &= 0.5e^2(t) \end{aligned} \tag{6.30}$$

通过最小化平方误差 $E_a(t)$，执行神经网络权值更新如下：

$$\hat{W}_a^{(2)}(t+\Delta t) = \hat{W}_a^{(2)}(t) + \Delta\hat{W}_a^{(2)}(t) \tag{6.31}$$

其中，

$$\Delta\hat{W}_{a,\,ki}^{(2)}(t) = -\theta_a\left[\frac{\partial E_a(t)}{\partial \hat{W}_{a,\,ki}^{(2)}(t)}\right] - \sum_{n=1}^{N-1}\theta_a W_n^{\lambda}\left[\frac{\partial E_{an}(t)}{\partial \hat{W}_{a,\,ki}^{(2)}(t)}\right] \tag{6.32}$$

$$\frac{\partial E_a(t)}{\partial \hat{W}_{a,\,ki}^{(2)}(t)} = \frac{\partial E_a(t)}{\partial \hat{J}(t)} \cdot \frac{\partial \hat{J}(t)}{\partial u_{pi}(t)} \cdot \frac{\partial u_{pi}(t)}{\partial q_i(t)} \cdot \frac{\partial q_i(t)}{\partial \hat{W}_{a,\,ki}^{(2)}(t)} \tag{6.33}$$

$$\frac{\partial \hat{J}(t)}{\partial u_{p,\,i}(t)} = \sum_{k=1}^{H_{ao}} \frac{\partial \hat{J}(t)}{\partial v_k(t)} \cdot \frac{\partial v_k(t)}{\partial l_k(t)} \cdot \frac{\partial l_k(t)}{\partial u_{p,\,i}(t)} \tag{6.34}$$

通过推导，公式(6.33)可写为

$$\frac{\partial E_a(t)}{\partial \hat{W}_{a,\,ki}^{(2)}(t)} = e_a(t)\left\{\sum_{k=1}^{H_{co}}\left[\hat{W}_{ck}^{(2)}(t)\,\frac{1}{2}(1-\chi_{c,\,k}^2(t))w_{ck,\,m+1}^{(1)}(t)\right]\right\} \times \left[\frac{1}{2}(1-u_{pi}^2(t))\right]\chi_{a,\,k}(t) \tag{6.35}$$

其中，$\theta_a>0$ 是执行网络学习率，$\chi=[g_1,\ g_2,\ \cdots,\ g_{H_{ao}}]^{\mathrm{T}}$，$u_p(t)=\hat{W}_a^{(2)\mathrm{T}}(t)\chi_a(t)$

随机初始化隐含层权值 $\hat{W}_a^{(1)}$，并在之后的训练过程中保持不变。

6.3.4 经验回放的自适应控制算法稳定性分析

本章利用滑模控制与优先经验回放的 ADHDP 优化控制相结合，实现水下航行器的自适应跟踪控制。相关算法的稳定性包括两部分：一部分是滑模控制算法的稳定性，已经在第一节进行了介绍；另一部分是考虑 λ 参数优先经验回放的自适应优化控制算法的稳定性，将在下文中进行分析证明。参考文献中系统基于 ADHDP 算法的状态以及权值动态的一致最终有界稳定分析，我们针对包含当前时刻信息与优先采样元组信息的评价网络和执行网络进行 UUB 稳定性的分析。

假设 6.1：通常只要隐含层中有足够的神经元个数，近似权值误差可以任意小。假设权值向量有界，且满足 $\|\hat{W}_c(t)\|\leqslant w_{cm}$，$\|w_c^*(t)\|\leqslant w_{cm}$，$\|\hat{W}_a(t)\|\leqslant w_{am}$，$\|w_a^*(t)\|\leqslant w_{am}$。同时，激活函数有界且满足 $\|\chi_c(t)\|\leqslant\chi_{cm}$ 和 $\|\chi_a(t)\|\leqslant\chi_{am}$。

定理 6.2：上述假设成立，考虑含剩余跟踪误差的水下航行器系统，建立评价-执行神经网络结构且网络的权值更新率为式(6.26)和式(6.31)，则对于任意

$$\|\xi_c(t)\|\leqslant\sqrt{\frac{\Xi_m^2}{\beta^2-\dfrac{1}{2}}} \tag{6.36}$$

当满足如下条件

$$\frac{1}{\sqrt{2}}\leqslant\beta<1,\ \theta_c\leqslant\frac{1}{\beta^4\ \|\chi_c(t)\|^2},\ \theta_a\leqslant\frac{1}{\beta^4\sum\limits_{n=1}^{N-1}W_n^{\lambda}\ \|\chi_a(t)\|^2} \tag{6.37}$$

评价和执行网络的逼近误差是一致最终有界的，论证了基于 PER 的 ADHDP 策略对水下航行器系统位置姿态剩余跟踪误差的控制稳定性。

证明定义 Lyapunov 函数为

$$L(t)=L_1(t)+L_2(t) \tag{6.38}$$

其中，$L_1(t)=(1/\theta_c)tr\{\tilde{W}_c^{\mathrm{T}}\tilde{W}_c\}$，$L_2(t)=(1/\theta_a)\mathrm{tr}\{\tilde{W}_a^{\mathrm{T}}\tilde{W}_a\}$。

首先，对公式(6.38)中评价网络相关部分进行一阶差分可得

$$\Delta L_1(t)=\frac{1}{\theta_c}\mathrm{tr}\{\tilde{W}_c^{\mathrm{T}}(t+\Delta t)\tilde{W}_c(t+\Delta t)-\tilde{W}_c(t)\tilde{W}_c(t)\} \tag{6.39}$$

其中，$\tilde{W}_c=\hat{W}_c-w_c^*$ 是评价网络的权值更新误差。

由公式(6.27)和公式(6.28)可得

$$\tilde{W}_c(t+\Delta t)=U_1(t)\tilde{W}_c(t)-\theta_c\beta^2\chi_c(t)R_1(t)^{\mathrm{T}} \tag{6.40}$$

其中，

$$U_1(t)=I-\theta_c\beta^2\chi_c(t)\chi_c^{\mathrm{T}}(t)-\sum_{n=1}^{N-1}\theta_c\beta^2W_n^{\lambda}\chi_{cn}(t)\chi_{cn}^{\mathrm{T}}(t)$$

$$R_1(t)=[w_c^{*}\chi_c(t)-\hat{W}_c^{\mathrm{T}}(t-\Delta t)\chi_c(t-\Delta t)\beta^{-1}+r_{\tilde{\omega}}(t)\beta^{-1}]+$$
$$\sum_{n=1}^{N-1}W_n^{\lambda}\frac{\beta^{-1}\chi_{cn}(t)}{\chi_c(t)}[\beta w_c^{*}\chi_{cn}(t)-\hat{W}_c^{\mathrm{T}}(t-\Delta t)\chi_{cn}(t-\Delta t)\beta^{-1}+r_{\tilde{\omega}n}(t)\beta^{-1}]$$

其中，$\chi_{cn}(t)$表示第n个优先采样元组在t时刻的评价网络激活函数。根据前面提到的权值和激活函数有界的假设，我们可以得到$\|U_1(t)\|\leqslant U_{1m}$，$\|R_1(t)\|\leqslant R_{1m}$。为了方便，在下文中我们用$U_1$和$R_1$来表示$U_1(t)$和$R_1(t)$。

根据公式(6.40)，公式(6.39)可写为

$$\Delta L_1(t)=\frac{1}{\theta_c}\{\tilde{W}_c^{\mathrm{T}}(t)U_1^{\mathrm{T}}U_1\tilde{W}_c(t)-2\theta_c\beta\tilde{W}_c^{\mathrm{T}}(t)U_1^{\mathrm{T}}R_1\chi_c(t)+\theta^2\beta^2\chi_c^{\mathrm{T}}(t)R_1^{\mathrm{T}}R_1\chi_c(t)-\tilde{W}_c^{\mathrm{T}}(t)\tilde{W}_c(t)\}\tag{6.41}$$

经过推导，公式(6.41)中的第一项可写为

$$\tilde{W}_c^{\mathrm{T}}(t)U_1^{\mathrm{T}}U_1\tilde{W}_c(t)=\tilde{W}_c^{\mathrm{T}}(t)\tilde{W}_c(t)\ [1-\theta_c\beta^2\chi_c(t)\chi_c^{\mathrm{T}}(t)]^2-$$
$$\sum_{n=1}^{N-1}2\theta_c\beta^2W_n^{\lambda}\ \|\xi_{cn}(t)\|^2[1-\theta_c\beta^2\chi_c(t)\chi_c^{\mathrm{T}}(t)]+\left[\sum_{n=1}^{N-1}\theta_c\beta^2W_n^{\lambda}\ \|\xi_{cn}(t)\|^2\chi_{cn}(t)\right]^2\tag{6.42}$$

其中，$\xi_c(t)=\tilde{W}_c^{\mathrm{T}}(t)\chi_c(t)$且$\xi_{cn}(t)=\tilde{W}_c^{\mathrm{T}}(t)\chi_{cn}(t)$。

根据 Cauchy-Schwarz 不等式，公式(6.42)的第一部分可展开为

$$\left[\sum_{n=1}^{N-1}\theta_c\beta^2W_n^{\lambda}\ \|\xi_{cn}(t)\|^2\chi_{cn}(t)\right]^2\leqslant\theta_c^2\beta^4\sum_{n=1}^{N-1}\ \|\xi_{cn}(t)\|^2\sum_{n=1}^{N-1}W_n^{\lambda}\chi_{cn}^2(t)\tag{6.43}$$

由此，公式(6.42)推导为

$$\tilde{W}_c^{\mathrm{T}}(t)U_1^{\mathrm{T}}U_1\tilde{W}_c(t)\leqslant\tilde{W}_c^{\mathrm{T}}(t)\tilde{W}_c(t)-\theta_c\beta^2\ \|\xi_c(t)\|^2\Lambda(t)-\theta_c\beta^2\|\xi_c(t)\|^2-$$
$$\sum_{n-1}^{N-1}2\theta_c\beta^2W_n^{\lambda}\ \|\xi_{cn}(t)\|^2\Lambda(t)+\theta_c^2\beta^4\sum_{n-1}^{N-1}\ \|\xi_{cn}(t)\|^2\sum_{n=1}^{N-1}\ [W_n^{\lambda}]^2\chi_{cn}^2(t)\tag{6.44}$$

其中，$\Lambda(t)=1-\theta_c\beta^2\chi_c(t)\chi_c^{\mathrm{T}}(t)$。

对于公式(6.41)的第二部分，我们可以得到

$$-2\theta_c\beta\tilde{W}_c^{\mathrm{T}}(t)U_1^{\mathrm{T}}R_1\chi_c(t)=-2\theta_c\beta^2\xi_c(t)\Lambda^{\mathrm{T}}(t)R_1+2\theta_c^2\beta^4\xi_c(t)R_1^{\mathrm{T}}\sum_{n=1}^{N-1}W_n^{\lambda}\ \|\chi_{cn}(t)\|^2\tag{6.45}$$

同时，第三部分可以推导为

$$\begin{aligned}\theta_c^2\beta^4\chi_c^{\mathrm{T}}(t)R_1^{\mathrm{T}}R_1\chi_c(t)&=\theta_c[-\beta^2(1-\theta_c\beta^2\chi_c^{\mathrm{T}}(t)\chi_c(t))+\beta^2]R_1^2\\&=\theta_c[-\beta^2\Lambda(t)R_1^2+\beta^2R_1^2]\end{aligned}\tag{6.46}$$

整合公式(6.44)、公式(6.45)和公式(6.46)，Lyapunov 方程(6.38)第一部分的差分

$\Delta L_1(t)$可以转化为

$$\Delta L_1(t) \leqslant -\beta^2 \|\xi_c(t)\|^2 - 2\beta^2 \Lambda(t)\sum_{n-1}^{N-1} W_n^\lambda \|\xi_{cn}(t)\|^2 - \beta^2 \|\xi_c(t)\|^2 \Lambda(t) - 2\beta^2 \xi_c(t)\Lambda(t)R_1^2 + \beta^2 \Lambda(t)R_1^2 + \beta^2 R_1^2 + \theta_c\beta^4 \sum_{n=1}^{N-1} [W_n^\lambda]^2 \|\chi_{cn}(t)\|^2 \sum_{n=1}^{N-1} \|\xi_{cn}(t)\|^2 + 2\theta_c\beta^4 \xi_c(t)R_1^{\mathrm{T}} \sum_{n=1}^{N-1} W_n^\lambda \|\chi_{cn}(t)\|^2 \tag{6.47}$$

利用 Cauchy-Schwarz 不等式定理，上式可写为

$$\Delta L_1(t) \leqslant -\left(\beta^2 - \frac{1}{2}\right) \|\xi_c(t)\|^2 - 2\beta^2 \Lambda(t)\sum_{n-1}^{N-1} W_n^\lambda \|\xi_{cn}(t)\|^2 - \beta^2 \Lambda(t)\left[\|\xi_c(t)\| + R_1\right]^2 + 2\left\|\theta_c\beta^4 R_1 \sum_{n=1}^{N-1} W_n^\lambda \|\chi_{cn}(t)\|^2\right\|^2 + \beta^2 R_1^2 + \theta_c\beta^4 \sum_{n=1}^{N-1} [W_n^\lambda]^2 \|\chi_{cn}(t)\|^2 \sum_{n=1}^{N-1} \|\xi_{cn}(t)\|^2 \tag{6.48}$$

然后，在公式(6.38)中，执行网络相关部分的一阶差分$\Delta L_2(t)$可以推导为

$$\Delta L_2(t) = \frac{1}{\theta_a}\mathrm{tr}\{\tilde{W}_c^{\mathrm{T}}(t+\Delta t)\tilde{W}_a(t+\Delta t) - \tilde{W}_a^{\mathrm{T}}(t)\tilde{W}_a(t)\} \tag{6.49}$$

其中，$\tilde{W}_a = \hat{W}_a - w_a^*$ 是评价网络的权值更新误差。

通过整理公式(6.32)和公式(6.35)，我们可以得到

$$\tilde{W}_a(t+\Delta t) = \tilde{W}_a(t) - \theta_a\beta^2 \chi_a(t)\hat{W}_c^{\mathrm{T}}(t)C(t)(\hat{W}_c^{\mathrm{T}}(t)\chi_c(t))T - \theta_a\beta^2 \sum_{n=1}^{N-1} W_n^\lambda \chi_{an}(t)\hat{W}_c^{\mathrm{T}}(t)C_n(t)(\hat{W}_c^{\mathrm{T}}(t)\chi_{cn}(t))^{\mathrm{T}} \tag{6.50}$$

其中，$C(t) = \sum_{k=1}^{H_{co}}\left[\frac{1}{2}(1-\chi_{c,k}^2(t))w_{ck,m+1}^{(1)}(t)\right]$，$\chi_{an}(t)$ 表示 t 时刻第 n 个采样元组的执行网络激活函数。

定义 $U_2(t) = \hat{W}_c^{\mathrm{T}}(t)C(t)$ 且 $R_2(t) = \hat{W}_c^{\mathrm{T}}(t)\chi_c(t)$，根据前文提到的权值和激活函数有界的假设，我们可以得到 $\|C(t)\| \leqslant C_m$，$\|U_2(t)\| \leqslant U_{2m}$和 $\|R_2(t)\| \leqslant R_{2m}$。为了便于说明，在下文用 U_2 和 R_2 来表示 $U_2(t)$和 $R_2(t)$。

将公式(6.50)带入公式(6.49)中，我们有

$$\Delta L_2(t) = P_1 + P_2 + P_3 \tag{6.51}$$

其中，

$$P_1 = -2\xi_a(t)\beta^2 U_2 R_2^{\mathrm{T}} + \theta_a\beta^4 \chi_a(t)\chi_a^{\mathrm{T}}(t)\|U_2\|^2 \|R_2\|^2$$

$$P_2 = -2\beta^2 \sum_{n=1}^{N-1} W_n^\lambda \xi_{an} U_{2n} R_{2n}^{\mathrm{T}} + \theta_a\beta^4 \left[\sum_{n=1}^{N-1} W_n^\lambda \chi_{an}(t)U_{2n}R_{2n}^{\mathrm{T}}\right]^2$$

$$P_3 = 2\theta_a\beta^4 \sum_{n=1}^{N-1} W_n^\lambda \chi_a(t)\chi_{an}^{\mathrm{T}}(t)U_2 U_{2n}^{\mathrm{T}} R_2^{\mathrm{T}} R_{2n}$$

且 $\xi_a(t)=\tilde{W}_a^T(t)\mathcal{X}_a(t)$，$\xi_{an}(t)=\tilde{W}_a^T(t)\mathcal{X}_{an}(t)$。

利用 Cauchy-Schwarz 不等式，P_1，P_2 和 P_3 可以写为

$$\begin{aligned}P_1&=-\|U_2\|^2\|R_2\|^2+\theta_a\beta^4\mathcal{X}_a(t)\mathcal{X}_a^T(t)\|U_2\|^2\|R_2\|^2+\\&\quad[\|U_2\|^2\|R_2\|^2-2\beta^2\xi_a(t)U_2R_2^T+\beta^4\xi_a(t)\xi_a^T(t)]-\beta^4\xi_a(t)\xi_a^T(t)\\&=-(I-\theta_a\beta^4\mathcal{X}_a(t)\mathcal{X}_a^T(t))\|U_2\|^2\|R_2\|^2-\|\beta^2\xi_a(t)\|^2+\|U_2R_2^T-\beta^2\xi_a(t)\|^2\\&\leqslant-(I-\theta_a\beta^4\mathcal{X}_a(t)\mathcal{X}_a^T(t))\|U_2\|^2\|R_2\|^2+\|U_2\|^2\|R_2\|^2\end{aligned}\tag{6.52}$$

$$\begin{aligned}P_2&\leqslant\theta_a\beta^4\sum_{n=1}^{N-1}[W_n^\lambda]^2\sum_{n=1}^{N-1}\mathcal{X}_{an}(t)\mathcal{X}_{an}^T(t)\|U_{2n}\|^2\|R_{2n}\|^2-2\beta^2\sum_{n=1}^{N-1}W_n^\lambda\xi_{an}U_{2n}R_{2n}^T\\&\leqslant\sum_{n=1}^{N-1}\Big\{-\Big[I-\theta_a\beta^4\sum_{n=1}^{N-1}[W_n^\lambda]^2\mathcal{X}_{an}(t)\mathcal{X}_{an}^T(t)\Big]\|U_{2n}\|^2\|R_{2n}\|^2+\\&\quad\|U_{2n}R_{2n}^T-\beta^2W_n^\lambda\xi_{an}(t)\|^2-\|\beta^2W_n^\lambda\xi_{an}(t)\|^2\Big\}\\&\leqslant\sum_{n=1}^{N-1}\Big\{-\Big[I-\theta_a\beta^4\sum_{n=1}^{N-1}[W_n^\lambda]^2\mathcal{X}_{an}(t)\mathcal{X}_{an}^T(t)\Big]\|U_{2n}\|^2\|R_{2n}\|^2+\|U_{2n}\|^2\|R_{2n}\|^2\Big\}\end{aligned}\tag{6.53}$$

$$P_3\leqslant\sum_{n=1}^{N-1}\theta_a\beta^4W_n^\lambda([\mathcal{X}_a(t)\|U_2\|\|R_2\|]^2+[\mathcal{X}_{an}(t)\|U_{2n}\|\|R_{2n}\|]^2)\tag{6.54}$$

通过推导，公式(6.51)可转化为

$$\begin{aligned}\Delta L_2(t)&\leqslant-(I-\theta_a\beta^4\mathcal{X}_a(t)\mathcal{X}_a^T(t))\|U_2\|^2\|R_2\|^2+\|U_2\|^2\|R_2\|^2+\\&\quad\sum_{n=1}^{N-1}\theta_a\beta^4W_n^\lambda([\mathcal{X}_a(t)\|U_2\|\|R_2\|]^2+[\mathcal{X}_{an}(t)\|U_{2n}\|\|R_{2n}\|]^2)+\\&\quad\sum_{n=1}^{N-1}\Big\{-\Big[I-\theta_a\beta^4\sum_{n=1}^{N-1}[W_n^\lambda]^2\mathcal{X}_{an}(t)\mathcal{X}_{an}^T(t)\Big]\|U_{2n}\|^2\|R_{2n}\|^2+\|U_{2n}\|^2\|R_{2n}\|^2\Big\}\end{aligned}\tag{6.55}$$

由此，Lyapunov 函数(6.38)的一阶差分可以表示为

$$\begin{aligned}\Delta L(t)&\leqslant-\left(\beta^2-\frac{1}{2}\right)\|\xi_c(t)\|^2-2\Lambda(t)\beta^2\sum_{n=1}^{N-1}W_n^\lambda\|\xi_{cn}(t)\|^2-\\&\quad\Lambda(t)\beta^2[\|\xi_c(t)\|+R_1]^2-(I-\theta_a\beta^4\mathcal{X}_a(t)\mathcal{X}_a^T(t))\|U_2\|^2\|R_2\|^2-\\&\quad\sum_{n=1}^{N-1}\Big[I-\theta_a\beta^4\sum_{n=1}^{N-1}[W_n^\lambda]^2\mathcal{X}_{an}(t)\mathcal{X}_{an}^T(t)\Big]\|U_{2n}\|^2\|R_{2n}\|^2+\Xi^2\end{aligned}\tag{6.56}$$

其中，

$$\begin{aligned}\Xi^2&=2\theta_c\beta^4R_1\sum_{n=1}^{N-1}W_n^\lambda\|\mathcal{X}_{cn}(t)\|^2+\theta_c\beta^4\sum_{n=1}^{N-1}[W_n^\lambda]^2\|\mathcal{X}_{cn}(t)\|^2\sum_{n=1}^{N-1}\|\xi_c(t)\|^2+\\&\quad\sum_{n=1}^{N-1}\theta_a\beta^4W_n^\lambda([\mathcal{X}_a(t)\|U_2\|\|R_2\|]^2+[\mathcal{X}_{an}(t)\|U_{2n}\|\|R_{2n}\|]^2)+\\&\quad\beta^2R_1^2+\|U_{2n}\|^2\|R_{2n}\|^2+\sum_{n=1}^{N-1}\|U_{2n}\|^2\|R_{2n}\|^2\end{aligned}\tag{6.57}$$

根据前文中的假设，我们可得

$$\Xi^2 \leqslant \theta_c \beta^4 R_1 \sum_{n=1}^{N-1} [W_n^\lambda]^2 \chi_{cm}^4 w_{cm}^2 + 2\beta^8 R_{1m}^2 \left[\sum_{n=1}^{N-1} W_n^\lambda\right]^2 \theta_c^2 \chi_{cm}^4 + \beta^2 R_{1m}^2 + NU_{2m}^2 R_{2m}^2 + 2\sum_{n=1}^{N-1} \theta_a \beta^4 W_n^\lambda \chi_{am} U_{2m}^2 R_{2m}^2 = \Xi_m^2 \tag{6.58}$$

对于任意的

$$\| \xi_c(t) \| \leqslant \sqrt{\frac{\Xi_m^2}{\beta^2 - \frac{1}{2}}} \tag{6.59}$$

如果以下条件成立，

$$\frac{1}{\sqrt{2}} \leqslant \beta < 1,\ \theta_c \leqslant \frac{1}{\beta^4 \ \| \chi_c(t) \|^2},\ \theta_a \leqslant \frac{1}{\beta^4 \sum_{n=1}^{N-1} W_n^\lambda \| \chi_a(t) \|^2} \tag{6.60}$$

我们有 $\Delta L \leqslant 0$，根据 Lyapunov 稳定性条件，可以得到两个网络的更新误差 $\tilde{W}_c$ 和 $\tilde{W}_a$ 是一致最终有界的。这就证明了所提算法对于水下航行器剩余误差跟踪控制的稳定性。

6.4 案例及仿真分析

在本节中，为了研究我们所提出的控制器性能，将对 AUV 跟踪控制进行仿真研究，在相同的航行器参数和环境条件下，与传统的滑模控制进行了对比分析。需要注意的是，仿真中的所有值都已标准化，但时间是无量纲的，因此，仿真结果中 1s 表示航行器行驶一个车身长度所用的时间。AUV 系统中相关的参数选择如表 6.1 所示。

表 6.1 AUV 系统的模型参数

参数	数值	参数	数值	参数	数值
m	0.0358	Y_{δ_s}	0.01241	Y_r	0.01187
I_z	0.0022	$N_{\dot{r}}$	-0.0004	Y_{δ_b}	0.01241
$Y_{\dot{r}}$	-0.00178	$N_{\dot{V}}$	-0.00178	N_r	-0.0039
$Y_{\dot{V}}$	-0.03430	N_v	-0.00769	N_{δ_b}	0.0035
u	3	N_{δ_s}	-0.0047		
Y_v	-0.10700	x_G	-0.0014		

在跟踪控制仿真过程中，设置航行器的初始状态为 $\psi(0)=-\pi/6$，$y(0)=0.8$，假设期望的轨迹为 $[y_d,\ \psi_d]=[2\sin(t),\ \sin(t)]$。设置算法参数 $\lambda_1=\lambda_2=5$，$k_1=k_2=3$。在 ADHDP 和传统 SMC 算法中，为了尽可能减小抖簸的影响，定义 $sat(s)=\frac{\| s \|}{\lambda}$ 且满足下式

$$sat(s)=\begin{cases}sign(s), & |s|\geq\lambda \\ s, & |s|<\lambda\end{cases} \tag{6.61}$$

其中，λ 表示饱和函数的宽度，在本章仿真中取值为 1。

在复杂的水下环境中，燃油消耗量、洋流速度及方向等因素都可能引起参数的变化。在参数不确定的情况下，需要对控制性能进行验证。为了考虑参数变化，假设变化是正弦的，频率相对较低。根据参考文献[154]，在 25s 后发生参数 p 变化如下：

$$p(t)=p+a\times\sin(wt) \tag{6.62}$$

其中，$w=0.5$，$a/p=50\%$。加入幅值是 0.5 的阶跃干扰信号，同时还考虑了信噪比为 40dB 的高斯白噪声。

考虑加权优先经验回放的 ADHDP 算法中，ER 数据库中样本的选取需要具体问题具体分析。对于复杂的问题，需要更多的样本，对于相对简单的问题，更少的样本也可以满足。对于本章 AUV 模型的跟踪控制问题，通过经验模拟实验，我们选择 ER 大小为 $L=10$，神经网络的训练样本数为 $N=5$ 时，效果最好，同时选择优先采样的加权系数 $\lambda=0.95$。

评价网络权值学习率 $W_a(0)=0.1$，执行网络权值学习率为 $W_c(0)=0.01$，两网络权值隐含层个数为 5，初始权值设置为[−0.5 2 0.3 1 2]，折扣因子 $\beta=0.95$。

权值的动态变化收敛轨迹如图 6.3 所示，从图中可以看出，在不考虑参数变化和外部干扰时，评价网络权值从初始状态到 5s 左右得到了收敛；当 25s 出现参数变化和外部干扰时，通过训练学习在 30s 左右重新达到收敛。AUV 系统状态 y 和 ψ 的跟踪轨迹如图 6.4 和图 6.5 所示。从以上仿真结果可以看出，利用所提算法，ADHDP 控制器通过在线自适应调整权值，达到了很好的跟踪效果。当系统在 25s 出现参数变化及外部干扰影响时，考虑加权优先经验回放的 ADHDP 算法具有更好的跟踪性能。同时，从图 6.6 可以看到自适应控制的变化轨迹。从图 6.7 可看到 AUV 系统的自适应跟踪控制输入轨迹。这些结果说明了所提算法具有自适应控制和学习能力，而滑模控制器由于缺乏学习机制而对参数变化和噪声干扰非常敏感。

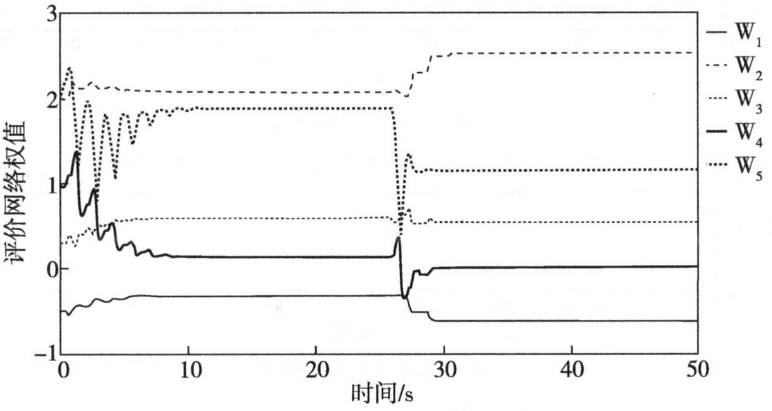

图 6.3 评价网络权值收敛轨迹

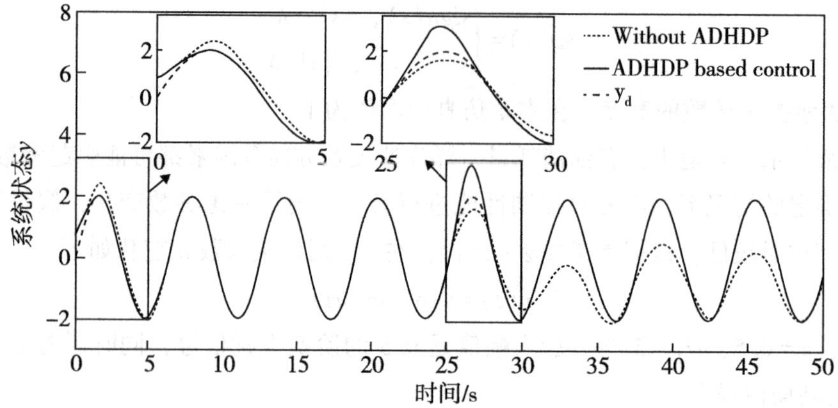

图 6.4　AUV 系统状态 y 的跟踪轨迹

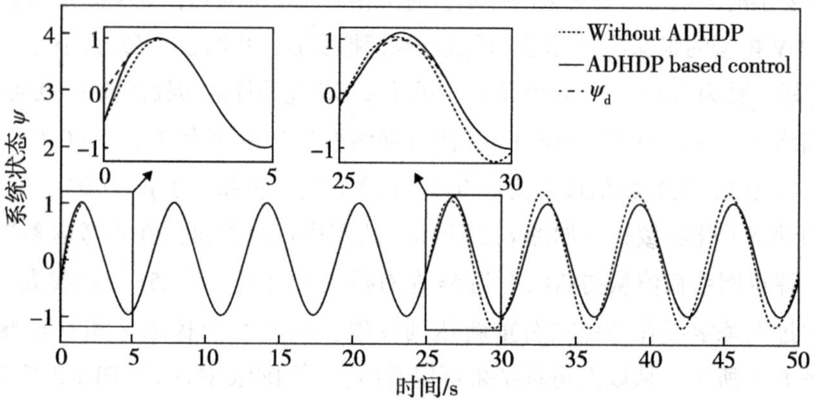

图 6.5　AUV 系统状态 ψ 的跟踪轨迹

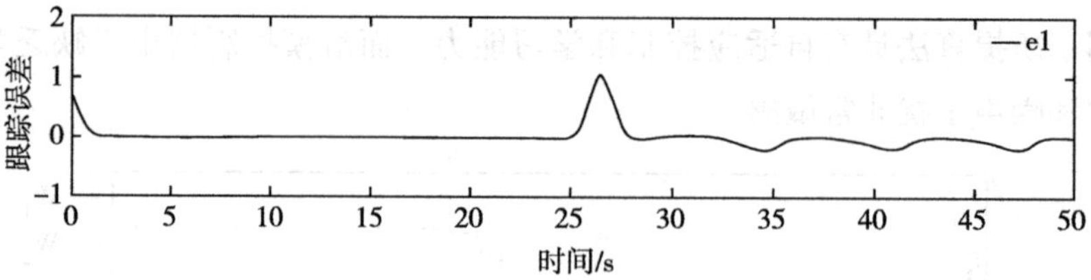

(a)状态 y 的跟踪误差轨迹

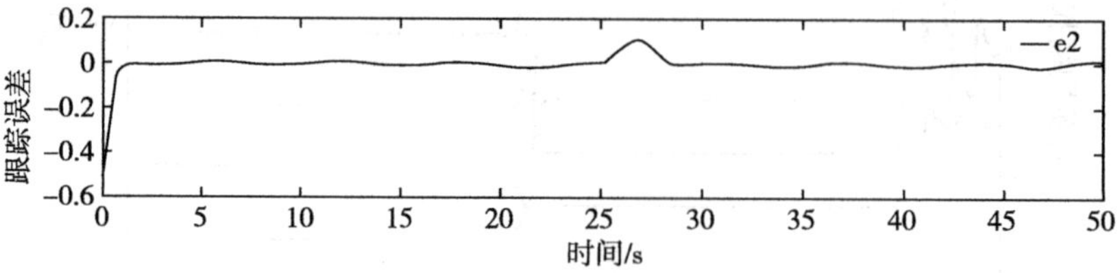

(b)状态 ψ 的跟踪误差轨迹

图 6.6　AUV 系统状态跟踪误差轨迹

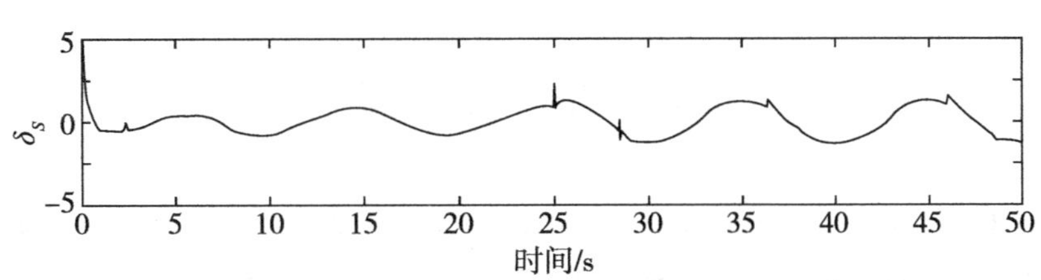

(a) 系统跟踪控制输入 δ_s

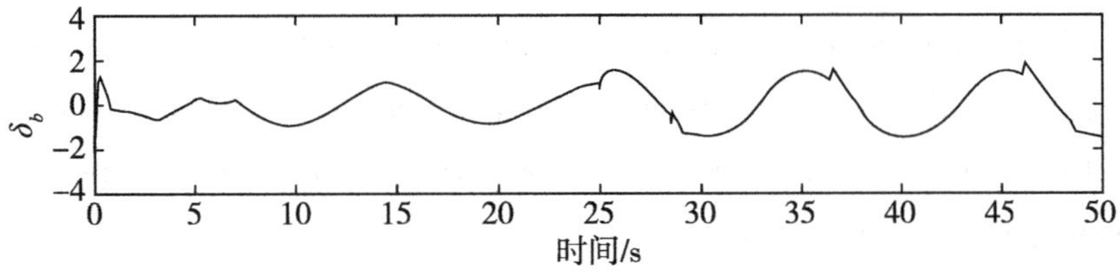

(b) 系统跟踪控制输入 δ_b

图 6.7 AUV 系统自适应跟踪控制输入

6.5 本章小结

本章针对水下航行器系统提出了一种考虑加权优先经验回放的 ADHDP 自适应跟踪控制方法。控制动作由滑模控制(SMC)和 ADHDP 控制器相结合构成，在固定深度的水平坐标系下跟踪期望的航行位置和角度。ADHDP 控制器作为滑模控制的辅助控制，观察实际航行位置/角度和期望位置/角度之间的差异，自适应地提供相应的补充控制动作。ADHDP 控制器不依赖于精确的数学模型，通过输入输出数据进行控制率的学习。同时，设计权值相关的优先经验回放技术，利用存储在数据库中的相关历史数据进行在线权值网络的更新，提高了学习速率。所提算法能够在各种情况下随时间在线调整参数，非常适用于具有参数不确定性和外部干扰的水下航行器系统。基于 Lyapunov 稳定性方法分析了闭环系统状态及网络权值误差的稳定性。最后，通过航行器仿真研究验证了该方法的跟踪性能。

本书在针对各种复杂的扰动和不确定性条件下的 AUV 系统，提出了 ADHDP 与滑模控制结合的辅助控制策略，使控制器具有在线学习和自适应能力。给出了控制结构和设计过程，并对定深轨迹跟踪控制方法进行了仿真验证。比较研究了基于 ADHDP 的控制和滑模控制的性能。考虑加权优先经验回放的数据驱动 ADHDP 的控制可以提供可行的控制策略来加速暂态调节过程，并且通过引入学习机制，具有自适应能力和对内外部不确定性的鲁棒性。

参 考 文 献

[1]Nijmeijer H,Arjan V.Nonlinear Dynamical Control Systems[M].Springer-Verlag,1996.

[2]Isidori A.Nonlinear Control Systems II[M].London Springer,1999.

[3]胡寿松,王执铨,胡维礼.最优控制理论与系统[M].北京:科学出版社,2005.

[4]Bryson A E,Ho Y C,Siouris G M.Applied optimal control: Optimization,Estima- tion,and Control[J].IEEE Transactions on Systems Man and Cybernetics,1979,9(6):366-367.

[5]Doyle J.Robust and optimal control[C].Proceedings of 35th IEEE Conference on Decision and Control,1996,2:1595-1598.

[6]Astrom K J,Wittenmark B.Adaptive Control[M].Addison-Wesley,1995.

[7]蔡宣三.最优化与最优控制[M].北京:清华大学出版社,1982.

[8] Athans M, Stein G, Valavani L. Nonlinear and Adaptive Control [M]. Springer Berlin Heidelberg,1986.

[9]Sutton R S,Barto A G,Williams R J.Reinforcement learning is direct adap- tive optimal control[J].Proceedings of the American Control Conference,1992,12(2):19-22.

[10]Sutton R,Barto A.Reinforcement Learning: An Introduction[M].Cambrldge: MIT Press, 1998.

[11]Silver D,Huang A,Maddison C J,et al.Mastering the game of Go with deep neural networks and tree search[J].Nature,2016,529:484-489.

[12] Silver D, Schrittwieser J, Simonyan K, et al. Mastering the game of Go without human knowledge[J].Nature,2017,550:354-359.

[13]中华人民共和国中央人民政府.新一代人工智能发展规划[EB/OL].http://www.gov.cn/xinwen/2017-07/20/content_5212064.htm.2017-07-20.

[14] Wang C H, Lin T C, Lee T T, et al. Adaptive hybrid intelligent control for uncertain nonlinear dynamical systems[J].IEEE Transactions on Systems Man,Cybernetics Part B Cybernetics,2002,32(5):583-597.

[15]李国勇.智能控制及其 MATLAB 实现[M].北京:电子工业出版社,2005.

[16]孙增圻,邓志东,张再兴.智能控制理论与技术[M].北京:清华大学出版社,2011.

[17]Kalman R E.Contribution to the theory of optimal control[J].Boletin De La Sociedad Matematica Mexicana,1960,5(63):102-119.

[18]Goebel M.Optimal control[J].Wiley VCH Verlag,2020,93(1):67-73.

[19]刘永信,陈志梅.现代控制理论[M].北京:北京大学出版社,2006.

[20]Stryk O V,Bulirsch R.Direct and indirect methods for trajectory optimization[J].Annals of Operations Research,1992,37(1):357-373.

[21]Mracek C P,Ridgely D B.Missile Longitudinal Autopilots：Connections Be tween Optimal Control and Classical Topologies[C].AIAA Guidance and Control Conference,2005.

[22]Trelat E.Optimal control and applications to aerospace：some results and chal- lenges[J]. Journal of Optimization Theory and Applications,2012,154:713-758.

[23]Chen M S,Chu M C.The analysis of optimal control model in matching problem between manufacturing and marketing[J].European Journal of Operational Research,2003,150(2):293-303.

[24]Sethi S P,Thompson G L.Optimal Control Theory：Applications to Management Science [M].Martinus Nijhoff Pub,1981.

[25]Bredies K,Lorenz D A,Maass P.An Optimal Control Problem in Medical Image Processing [C].Systems,Control,Modeling and Optimization,Ifip Tc7 Conference Held from July,in Turin,Italy,2005.

[26]Liu P Y,Zhang Q L,Yang X G,et al.Passivity and optimal control of descriptor biological complex systems[J].IEEE Transactions on Automatic Control,2008,53(SI):122-125.

[27]张嗣瀛,高立群.现代控制理论[M].北京:清华大学出版社,2006.

[28]Elmaghraby S E.Resource allocation via dynamic programming in activity networks[J]. European Journal of Operational Research,1993,64(2):199-215.

[29]Rust J.Numerical dynamic programming in economics.[J].Handbook of Compu- tational Economics,1996,1(96):619-729.

[30]Bertsekas D P,Tsitsiklis J N,Volgenant A.Neuro-dynamic programming[J].Encyclopedia of Optimization,2011,27(6):1687-1692.

[31]柴天佑,丁进良,王宏,等.复杂工业过程运行的混合智能优化控制方法[J].自动化学报,2008(5):505-515.

[32]赵冬斌,刘德荣,易建强.基于自适应动态规划的城市交通信号优化控制方法综述[J].自动化学报,2009,35(6):676-681.

[33]张化光,张欣,罗艳红,等.自适应动态规划综述[J].自动化学报,2013(4):303-311.

[34]Al-Tamimi A,Lewis F L.Discrete-Time Nonlinear HJB Solution Using Approximate Dynamic Programming：Convergence Proof[C].2007 IEEE International Symposium on Approximate Dynamic Programming and Reinforcement Learning,2007.

[35]Farias D,Roy B V.The linear programming approach to approximate dynamic programming [J].Operations Research,2003,51(6):850-865.

[36]Shewhart W A,Wilks S S.Approximate Dynamic Programming：Solving the Curses of Dimensionality,Second Edition[M].Second Edition,2011.

[37]Milton C,Weinstein R J,Zeckhauser.The optimal consumption of depletable natural resources[J].The Quarterly Journal of Economics,1975,89(3):371-392.

[38] Papachristos S.A note on the dynamic inventory problem with unknown demand distribution [J].Management Science,1977,10(3):429-440.

[39] Snyman H A.Dynamic programming for inventory control : a comparative study of the behaviour of dynamic programming.[J].IMA Journal of Mathematics Applied in Medicine and Biology,1977,3(4):229-263.

[40] Barto A G,Bradtke S J,Singh S P.Learning to act using real-time dynamic pro- gramming [J].Artificial Intelligence,1995,72(1-2):81-138.

[41] Murray J J, Cox C J, Lendaris G G, et al. Adaptive dynamic programming[J]. IEEE Transactions on Systems Man and Cybernetics Part C,2002,32(2):140-153.

[42] Lewis F L, Vrabie D. Reinforcement learning and adaptive dynamic programming for feedback control[J].IEEE Circuits and Systems Magazine,2009,9(3):32-50.

[43] Wang F Y,Zhang H G,Liu D R.Adaptive dynamic programming: An introduction[J].IEEE Computational Intelligence Magazine,2009,4(2):39-47.

[44] Zhang H G, Liu D R, Luo Y H, et al. Adaptive Dynamic Programming for Control: Algorithms and Stability[M].London: Springer,2013.

[45] Wang D,He H B,Liu D R.Adaptive critic nonlinear robust control: A survey[J].IEEE Transactions on Cybernetics,2017,47(10):3429-3451.

[46] Lewis F L,Vrabie D,Vamvoudakis K G.Reinforcement learning and feedback control: using natural decision methods to design optimal adaptive controllers[J].Control Systems IEEE, 2012,32(6):76-105.

[47] Vamvoudakis K G, Lewis F L. Online actor critic algorithm to solve the continuous time infinite horizon optimal control problem[J].Automatica,2010,46(5):878-888.

[48] Wei Q L,Liu D R,Lin H.Value iteration adaptive dynamic programming for optimal control of discrete-time nonlinear systems[J].IEEE Transactions on Cybernetics,2016,46(3): 840-853.

[49] Yue B,Modares H,Zhu L M,et al.Adaptive suboptimal output-feedback control for linear systems using integral reinforcement learning[J].IEEE transactions on control systems technology: A publication of the IEEE Control Systems Society,2015,23(1):264-273.

[50] Al-Tamimi A, Lewis F L, Abu-Khalaf M. Model-free Q-learning designs for linear discrete-time zero-sum games with application to H-infinity control[J].Automatica,2007, 43(3):473-481.

[51] Yang Y J,Wan Y,Zhu J H,et al.H_∞ tracking control for linear discrete-time systems: Model free Q-learning designs[J].IEEE Control Systems Letters,2021,5(1):175-180.

[52] Bhasin S,Kamalapurkar R,Johnson M,et al.A novel actor critic identifier archi tecture for approximate optimal control of uncertain nonlinear systems[J].Auto- matica,2013,49(1):

82-92.

[53]Yang X, He H B, Wei Q L, et al. Reinforcement learning for robust adaptive control of partially unknown nonlinear systems subject to unmatched uncertainties[J]. Information Sciences, 2018, 463-464:307-322.

[54]Vrabie D, Lewis F L. Neural network approach to continuous time direct adaptive optimal control for partially unknown nonlinear systems[J]. Neural Networks, 2009, 22(3):237-246.

[55]Modares H, Lewis F L. Optimal tracking control of nonlinear partially unknown constrained-input systems using integral reinforcement learning[J]. Automatica, 2014, 50(7):1780-1792.

[56]Song R Z, Lewis F L, Wei Q L, et al. Off-policy actorcritic structure for optimal control of unknown systems with disturbances[J]. IEEE Transactions on Cybernetics, 2016, 46(5):1041-1050.

[57]Luo B, Wu H N, Huang T W, et al. Data based approximate policy iteration for affine nonlinear continuous-time optimal control design[J]. Automatica, 2014, 50(12):3281-3290.

[58]Luo B, Wu H N, Huang T W. Offpolicy reinforcement learning for H_∞ control design [J]. IEEE Transactions on Cybernetics, 2015, 45(1):65-76.

[59]He H B, Zhong X N. Learning without external reward[J]. IEEE Computational Intelligence Magazine, 2018, 13(3):48-54.

[60]Zhong X N, Ni Z, He H B. A theoretical foundation of goal representation heuristic dynamic programming[J]. IEEE Transactions on Neural Networks and Learning Systems, 2016, 27(12):2513-2525.

[61]Ni Z, He H B, Wen J Y, et al. Goal representation heuristic dynamic programming on maze navigation[J]. IEEE Transactions on Neural Networks and Learning Systems, 2013, 24(12):2038-2050.

[62]He H B, Ni Z, Fu J. A three-network architecture for online learning and optimization based on adaptive dynamic programming[J]. Neurocomputing, 2012, 78(1):3-13.

[63]Tang Y F, Yang J, Yan J, et al. Intelligent load frequency controller using GrADP for island smart grid with electric vehicles and renewable resources[J]. Neurocom puting, 2015, 170(25):406-416.

[64]Modares H, Lewis F L. Linear quadratic tracking control of partially unknown continuous-time systems using reinforcement learning[J]. IEEE Transactions on Automatic Control, 2014, 59(11):3051-3056.

[65]Chen C, Modares H, Xie K, et al. Reinforcement learning-based adaptive optimal

exponential tracking control of linear systems with unknown dynamics [J]. IEEE Transactions on Automatic Control, 2019, 64(11): 4423-4438.

[66] Li C, Liu D R, Li H L. Finite horizon optimal tracking control of partially unknown linear continuous-time systems using policy iteration [J]. IET Control Theory and Applications, 2015, 9(12): 1791-1801.

[67] Hou J X, Wang D, Liu D R, et al. Model-free H_∞ optimal tracking control of constrained nonlinear systems via an iterative adaptive learning algorithm [J]. IEEE Transactions on Systems Man and Cybernetics Systems, 2020, 50(11): 4097-4108.

[68] Gao W N, Jiang Z P. Learning based adaptive optimal tracking control of strict feedback nonlinear systems [J]. IEEE Transactions on Neural Networks and Learning Systems, 2018, 29(6): 2614-2624.

[69] Nodland D, Zargarzadeh H, Jagannathan S. Neural network-based optimal adaptive output feedback control of a helicopter UAV [J]. IEEE Transactions on Neural Networks and Learning Systems, 2013, 24(7): 1061-1073.

[70] Vamvoudakis K G, Mojoodi A, Ferraz H. Event-triggered optimal tracking control of nonlinear systems [J]. International Journal of Robust and Nonlinear Control, 2017, 27(4): 598-619.

[71] Wang D, Liu D R, Wei Q L. Finite-horizon neuro-optimal tracking control for a class of discrete time nonlinear systems using adaptive dynamic programming approach [J]. Neurocomputing, 2012, 78(1): 14-22.

[72] Zhang H G, Song R Z, Wei Q L, et al. Optimal tracking control for a class of nonlinear discrete-time systems with time delays based on heuristic dynamic programming [J]. IEEE Transactions on Neural Networks, 2011, 22(12): 1851-1862.

[73] Luo B, Liu D R, Huang T W, et al. Output tracking control based on adaptive dynamic programming with multistep policy evaluation [J]. IEEE Transactions on Systems Man and Cybernetics Systems, 2019, 49(10): 2155-2165.

[74] Skach J, Kiumarsi B, Lewis F L, et al. Actorcritic offpolicy learning for optimal control of multiple model discrete time systems [J]. IEEE Transactions on Cyber netics, 2018, 48(1): 29-40.

[75] Batmani Y, Voodi D M, Meskin N. Event triggered suboptimal tracking controller design for a class of nonlinear discrete-time systems [J]. IEEE Transactions on Industrial Electronics, 2017, 64(10): 8079-8087.

[76] Basar T, Bernhard P. H_∞ optimal control and related minimax design problems [J]. IEEE Transactions on Automatic Control, 2008, 41(9): 1397.

[77] Modares H, Lewis F L, Sistani M. Online solution of nonquadratic two-player zero-sum

games arising in the H_∞ control of constrained input systems[J].International Journal of Adaptive Control and Signal Processing,2014,28(3-5):232-254.

[78]Yasini S,Sistani M,Karimpour A.Approximate dynamic programming for two- player zero-sum Game related to H_∞ control of unknown nonlinear continuous- time systems [J]. International Journal of Control Automation and Systems,2015,13(1):99-109.

[79]Wang D, Liu D R, Mu C X, et al. Neural network learning and robust stabilization of nonlinear systems with dynamic uncertainties[J].IEEE Transactions on Neural Networks and Learning Systems,2017,29(4):1-10.

[80]Wei Q L,Liu D R,Lewis F L,et al.Mixed iterative adaptive dynamic program- ming for optimal battery energy control in smart residential microgrids[J].IEEE Transactions on Industrial Electronics,2017,64(5):4110-4120.

[81]Zhu Y H,Zhao D B,Li X J,et al.Control-limited adaptive dynamic programming for multi-battery energy storage systems[J].IEEE Transactions on Smart Grid,2019,10(4):4235-4244.

[82]Wei Q L, Shi G, Song R Z, et al. Adaptive dynamic programming-based optimal control scheme for energy storage systems with solar renewable energy[J].IEEE Transactions on Industrial Electronics,2017,64(99):5468-5478.

[83]Han X,Zheng Z Z,Liu L,et al.Online policy iteration ADP based attitude tracking control for hypersonic vehicles[J].Aerospace Science and Technology,2020,106.

[84]Mu C X,Ni Z,Sun C,et al.Air-breathing hypersonic vehicle tracking control based on adaptive dynamic programming[J].IEEE Transactions on Neural Networks and Learning Systems,2017,28(3):584-598.

[85]孙景亮,刘春生.基于自适应动态规划的导弹制导律研究综述[J].自动化学报,2017,043(7):1101-1113.

[86]Zhao X R,D.B.and Bai,Wang F Y,Xu J,et al.DHP method for ramp metering of freeway traffic[J].IEEE Transactions on Intelligent Transportation Systems,2011,12(4):990-999.

[87]方啸,郑德忠.基于自适应动态规划算法的小车自主导航控制策略设计[J].燕山大学学报,2014(1):61-69.

[88] Schmid V. Solving the dynamic ambulance relocation and dispatching problem using approximate dynamic programming[J].European Journal of Operational Research,2012,219(3):611-621.

[89]Wei Q L,Liu D R.Adaptive dynamic programming for optimal tracking control of unknown nonlinear systems with application to coal gasification [J]. IEEE Trans actions on Automation Science and Engineering,2014,11(4):1020-1036.

[90]Liu D R,Xiong X X,Dasgupta B,et al.Motif discoveries in unaligned molecular sequences

using self-organizing neural networks[J].IEEE Transactions on Neural Networks,2006,17(4):919-28.

[91]黄清宝,林小峰,宋绍剑,佘乾仲,杨宝生.基于 Elman 网的水泥回转窑模型及其 DHP 控制器设计[J].系统仿真学报,2011,23(3):583-587.

[92]Liu L,Liu Y J,Tong S C.Neural networks based adaptive finite time fault tolerant control for a class of strict - feedback switched nonlinear systems [J]. IEEE Trans actions on Cybernetics,2019,49(7):2536-2545.

[93]Walsh G C,Hong Y,Bushnell L G.Stability Analysis of Networked Control Systems[C].IEEE,2002:438-446.

[94]Liu W,Huang J.Cooperative global robust output regulation for a class of nonlinear multi-agent systems by distributed event-triggered control[J].Automatica,2017,93:138-148.

[95]Postoyan R,Bragagnolo M C,Galbrun E,et al.Event triggered tracking control of unicycle mobile robots[J].Automatica,2015,52:302-308.

[96]Xie X P,Zhou Q,Yue D,et al.Relaxed control design of discrete-time Takagi- Sugeno fuzzy systems: An event-triggered real time scheduling approach[J].IEEE Transactions on Systems Man and Cybernetics Systems,2018,48(12):2251-2262.

[97]Xie X P,Yue D,Peng C.Event-triggered real time scheduling stabilization of discrete-time Takagi-Sugeno fuzzy systems via a new weighted matrix approach[J].Information Sciences,2018,457:175-207.

[98]Vamvoudakis K G,Ferraz H.Model-free event-triggered control algorithm for continuous-time linear systems with optimal performance[J].Automatica,2017,87:412-420.

[99]Liu D R,Yang G H.Event-based model-free adaptive control for discrete-time nonlinear processes[J].IET Control Theory and Applications,2017,11(15):2531- 2538.

[100]Liu C S,Ma X J,Zhou M,et al.An event-trigger two-stage architecture for voltage control in distribution systems[J].International Journal of Electrical Power and Energy Systems,2018,95:577-584.

[101]Vamvoudakis K G.Event-triggered optimal adaptive control algorithm for continuous time nonlinear systems[J].IEEE/CAA Journal of Automatica Sinica,2014,1(3):282-293.

[102]Wang D,Mu C X,He H B,et al.Event-driven adaptive robust control of non-linear systems with uncertainties through NDP strategy[J].IEEE Transactions on Systems,Man,and Cybernetics: Systems,2017,47(7):1358-1370.

[103]Zhang Q C,Zhao D B,Ding W.Event-based robust control for uncertain nonlinear systems using adaptive dynamic programming[J].IEEE Transactions on Neural Networks and Learning Systems,2018,29(99):37-50.

[104]Zhang Q C,Zhao D B,Zhu Y H.Event-triggered H_∞ control for continuous time nonlinear

system via concurrent learning[J].IEEE Transactions on Systems,Man,and Cybernetics: Systems,2017,47(7):1071-1081.

[105]Zhong X N,Ni Z,He H B,et al.Event-Triggered Reinforcement Learning Ap- proach for Unknown Nonlinear Continuous-Time System[C].2014 International Joint Conference on Neural Networks (IJCNN)IEEE,2014.

[106] Sahoo A, Xu H, Jagannathan S. Neural network based event triggered state feed back control of nonlinear continuous time systems[J].IEEE Transactions on Neural Networks and Learning Systems,2015,27(3):497-509.

[107]Zhu Y H,Zhao D B,He H B,et al.Event-triggered optimal control for partially unknown constrained-input systems via adaptive dynamic programming[J].IEEE Transactions on Industrial Electronics,2017,64(5):4101-4109.

[108]Sahoo A,Hao X,Jagannathan S.Near optimal event triggered control of nonlinear discrete time systems using neurodynamic programming[J].IEEE Transactions on Neural Networks and Learning Systems,2016,27(9):1801-1815.

[109]Dhar N K,Verma N K,Behera L.Adaptive critic based event triggered control for HVAC system[J].IEEE Transactions on Industrial Informatics,2018,14(1):178-188.

[110]Berstekas D P.Dynamic Programming and Optimal Control[M].Athena Scientific,1995.

[111] Dixon W. Optimal Adaptive Control and Differential Games by Reinforcement Learning Principles[M].London: IET Press,2012.

[112] Baird L. Residual algorithms: Reinforcement learning with function approximation [J]. Machine Learning Proceedings,1995:30-37.

[113]焦李成.神经网络系统理论[M].西安:西安电子科技大学出版社,1990.

[114]Werbos P J.Approximate dynamic programming for real-time control and neural modeling [J].Handbook of Intelligent Control Neural Fuzzy and Adaptive Ap- proaches,1992.

[115] Venayagamoorthy G K, Harley R G, Wunsch D C. Comparison of a Heuristic Dynamic Programming and a Dual Heuristic Programming Based Adaptive Critics Neurocontroller for a Turbogenerator[C].IEEE-INNS-ENNS International Joint Conference on Neural Networks,2000.

[116]林小峰,宋绍剑,宋春宁.基于自适应动态规划的智能优化控制[M].北京:科学出版社,2013.

[117]Prokhorov D V,Wunsch D C I.Adaptive critic designs[J].IEEE Transactions on Neural Networks,1997,8(5):997-1007.

[118] Padhi R, Unnikrishnan N, Wang X, et al. A single network adaptive critic (SNAC) architecture for optimal control synthesis for a class of nonlinear systems[J]. Neural Networks the Official Journal of the International Neural Network Society,2006,19(10):

1648-1660.

[119]Dirk O,Saunak S.Kernel-based reinforcement learning[J].Machine Learning,2002.

[120]Xu X,Lian C Q,Zuo L,et al.Kernel-based approximate dynamic programming for real-time online learning control: An experimental study[J].IEEE Transactions on Control Systems Technology,2013,22(1):146-156.

[121]Zhang H G,Yang D D,Chai T Y.Guaranteed cost networked control for T-S fuzzy systems with time delays[J].IEEE Transactions on Systems Man and Cy- bernetics Part C,2007,37:160-172.

[122]Astrom K J,Bernhardsson B.Compsrion of periodic and event based sampling for first-order stochastic system[J].Proceedings of IFAC World Congress,1999,32(2):5006-5011.

[123]Zhang H,Feng G,Yan H C,et al.Observer-based output feedback event-triggered control for consensus of multiagent systems[J].IEEE Transactions on Industrial Electronics,2014,61(9):4885-4894.

[124]Zhang H G,Zhang X,Luo Y H,et al.An overview of research on adaptive dynamic programming[J].ACTA Automatica Sinica,2013,39(4):303-311.

[125]Tallapragada P,Chopra N.On event triggered tracking for nonlinear systems[J].IEEE Transactions on Automatic Control,2013,58(9):2343-2348.

[126]Yun H C,Yoo S J.Robust eventdriven tracking control with preassigned perfor mance for uncertain input quantized nonlinear pure feedback systems[J].Journal of the Franklin Institute,2018,355(8):3567-3582.

[127]Dong L,Zhong X N,Sun C Y,et al.Event-triggered adaptive dynamic program- ming for continuous-time systems with control constraints[J].IEEE Transactions on Neural Networks and Learning Systems,2016,28(8):1941-1952.

[128]Behera A K,Bandyopadhyay B.Event triggered sliding mode control for a class of nonlinear systems[J].International Journal of Control,2016,89(9):1961-1931.

[129]Bandyopadhyay B,Behera A K.Discrete event triggered sliding mode control for linear systems[J].Automatica,2018,96:61-72.

[130]Behera A K,Bandyopadhyay B.Self triggering based sliding mode control for linear systems[J].Control Theory and Applications Iet,2015,9(17):2541-2547.

[131]Behera A K,Bandyopadhyay B.Robust sliding mode control: An event-triggering approach[J].IEEE Transactions on Circuits and Systems II Express Briefs,2017,64(2):146-150.

[132]Zheng B C,Yu X H,Xue Y M.Quantized feedback sliding-mode control: An event-triggered approach[J].Automatica A Journal of Ifac the International Federation of Automatic Control,2018,91:126-135.

[133] Wen S P, Huang T W, Yu X H, et al. Aperiodic sampled data sliding mode control of fuzzy systems with communication delays via the event triggered method[J]. IEEE Transactions on Fuzzy Systems, 2016, 24(5): 1048-1057.

[134] Nair R R, Behera L, Kumar S. Event triggered finite-time integral sliding mode controller for consensus based formation of multirobot systems with distur bances[J]. IEEE Transactions on Control Systems Technology, 2019, 27(1): 39-47.

[135] Zhang X M, Han Q L, Zhang B L. An overview and deep investigation on sampled data based event triggered control and filtering for networked systems[J]. IEEE Transactions on Industrial Informatics, 2017, 13(1): 4-16.

[136] Su X F, Liu X X, Shi P, et al. Sliding mode control of hybrid switched systems via an event triggered mechanism[J]. Automatica, 2018, 90: 294-303.

[137] Fan Q Y, Yang G H. Adaptive actorcritic design based integral sliding mode control for partially unknown nonlinear systems with input disturbances[J]. IEEE Transactions on Neural Networks and Learning Systems, 2015, 27(1): 165-177.

[138] Qu Q X, Zhang H G, Yu R, et al. Neural network based H_∞ sliding mode control for nonlinear systems with actuator faults and unmatched disturbances[J]. Neuro-computing, 2018, 275(31): 2009-2018.

[139] Zhang H G, Qu Q X, Xiao G Y, et al. Optimal guaranteed cost sliding mode control for constrained-input nonlinear systems with matched and unmatched disturbances.[J]. IEEE Transactions on Neural Networks & Learning Systems, 2018, 29(6): 2112-2126.

[140] Ding W, Liu D R. Neuro-optimal control for a class of unknown nonlinear dynamic systems using SN-DHP technique[J]. Neurocomputing, 2013, 121(9): 218-225.

[141] Sutton R S. Learning to predict by the methods of temporal differences[J]. Machine Learning, 1988, 3(1): 9-44.

[142] Al-Dabooni D, S. and Wunsch. The boundedness conditions for model free HD- P(λ)[J]. IEEE Transactions on Neural Networks and Learning Systems, 2019, 30(7): 1928-1942.

[143] Li Y X, Yang G H. Event based adaptive NN tracking control of nonlinear discrete time systems[J]. IEEE Transactions on Neural Networks and Learning Systems, 2018, 29(9): 4359-4369.

[144] Wang Z Y, Wei Q L, Liu D R. Event-triggered adaptive dynamic programming for discrete time multi player games[J]. Information Sciences, 2020, 506: 457-470.

[145] Ha M M, Wang D, Liu D R. Event-triggered adaptive critic control design for discrete-time constrained nonlinear systems[J]. IEEE Transactions on Systems, Man, and Cybernetics: Systems, 2020, 50(9): 3158-3168.

[146] Gonzalez L A. Design, Modelling and control of an autonomous underwater vehicle [J]. Be Thesis, 2004.

[147] Rentschler M E, Hover F S, Chryssostomidis C. System identification of open loop maneuvers leads to improved AUV flight peroframance [J]. IEEE Journal of Oceanic Engineering, 2006, 31(1): 200-208.

[148] Mashhad A M, Mashhadi S. PID Like Fuzzy Logic Control of An Unmanned Underwater Vehicle [C]. Fuzzy Systems, 2013.

[149] Wang L R, Liu J C, Yu H N, et al. Sliding Mode Control of An Autonomous Under-water Vehicle [C]. International Conference on Machine Learning and Cybernetics, 2003.

[150] Yildirim S. Control of Autonomous Underwater Vehicles Using Neural Network Based Robust Control System [C]. 15th International Conference on Circuits, Systems, Electronics, Control and Signal Processing, 2016.

[151] Li J, Du J L, Sun Y Q, et al. Robust adaptive trajectory tracking control of under- actuated autonomous underwater vehicles with prescribed performance [J]. International Journal of Robust and Nonlinear Control, 2019, 29(14): 4629-4643.

[152] Gaskett C, Wettergreen D, Zelinsky A. Reinforcement learning applied to the con- trol of an autonomous underwater vehicle [J]. Proc. of the Australian Conference on Robotics and Automation, 1999, 30(2): 125-131.

[153] Paula M D, Acosta G G. Trajectory tracking algorithm for autonomous vehicles using adaptive reinforcement learning [C]. OCEANS 2015-MTS/IEEE Washington, 2016.

[154] Reza R, Zahra T S. A Novel Adaptive Sliding Mode Controller Design for Tracking Problem of An AUV in the Horizontal Plane [J]. International Journal of Dynamics and Control, 2018: 1-11.

[155] Haghi P. Nonlinear Control Methodologies for Tracking Configuration Variables [M]. Underwater Vehicles, 2009.

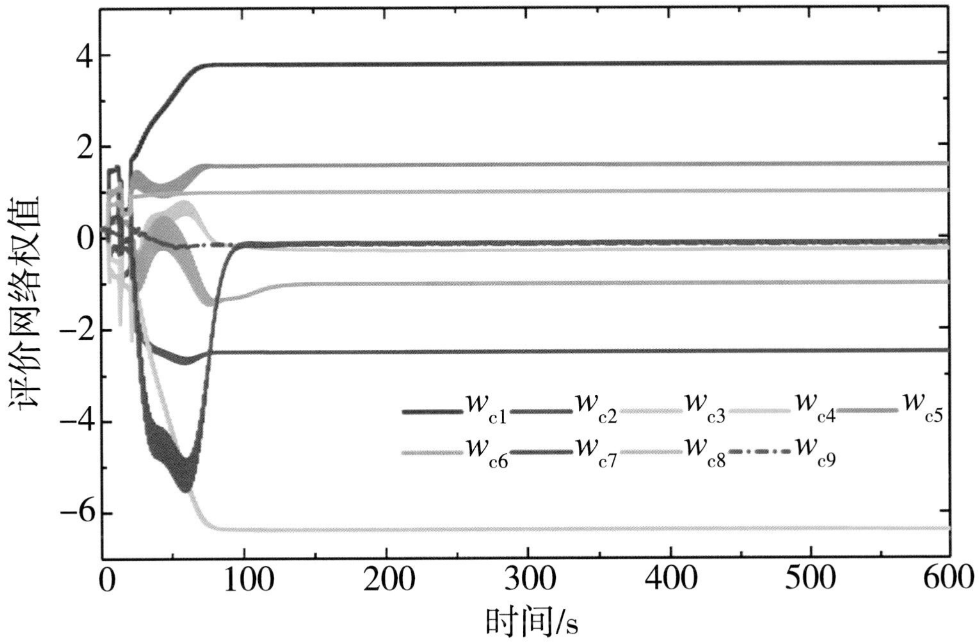

图 3.7　评价网络权值收敛轨迹

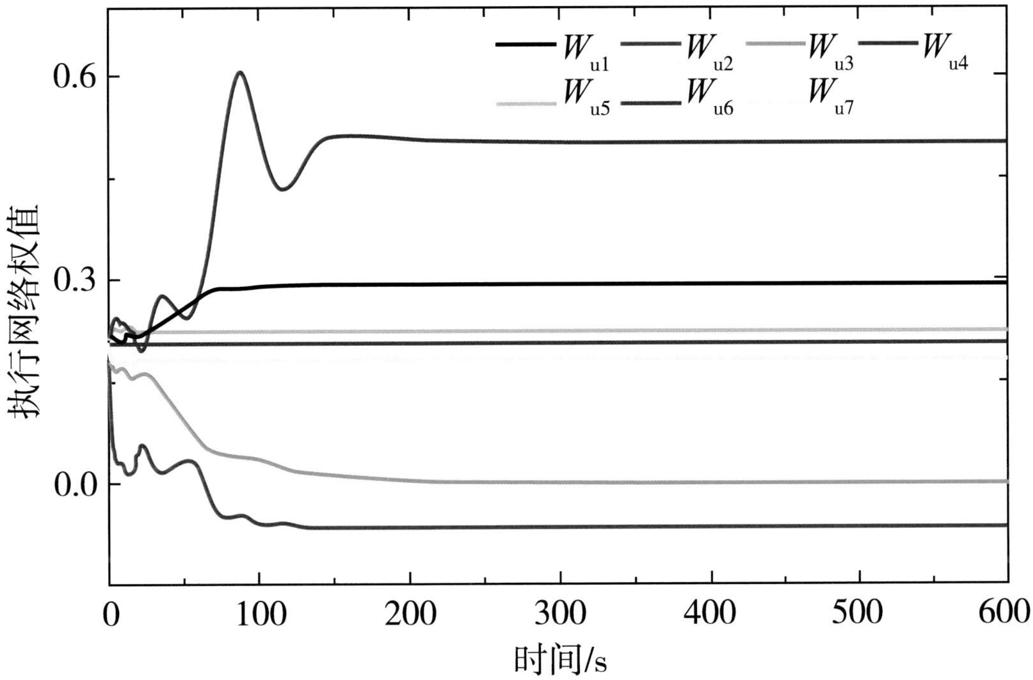

图 3.8　执行网络权值收敛轨迹

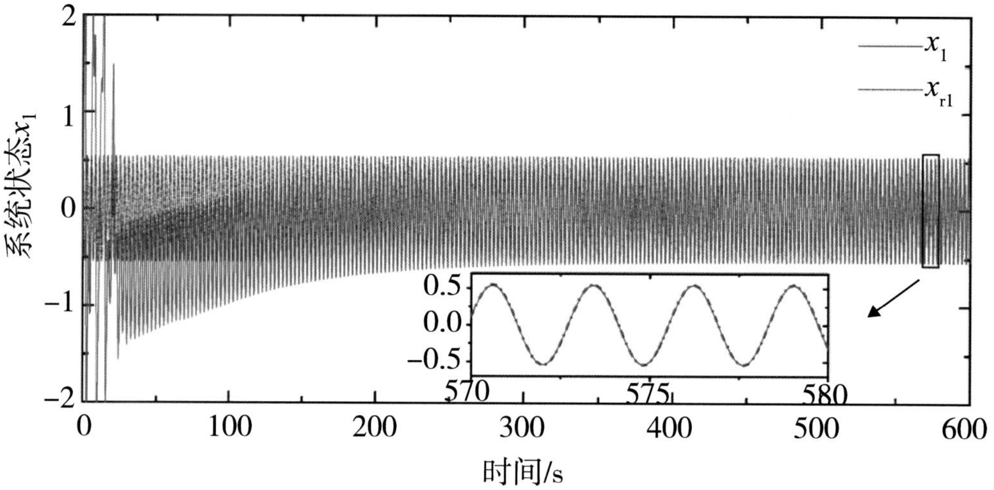

图 3.14　系统状态 x_1 的跟踪轨迹

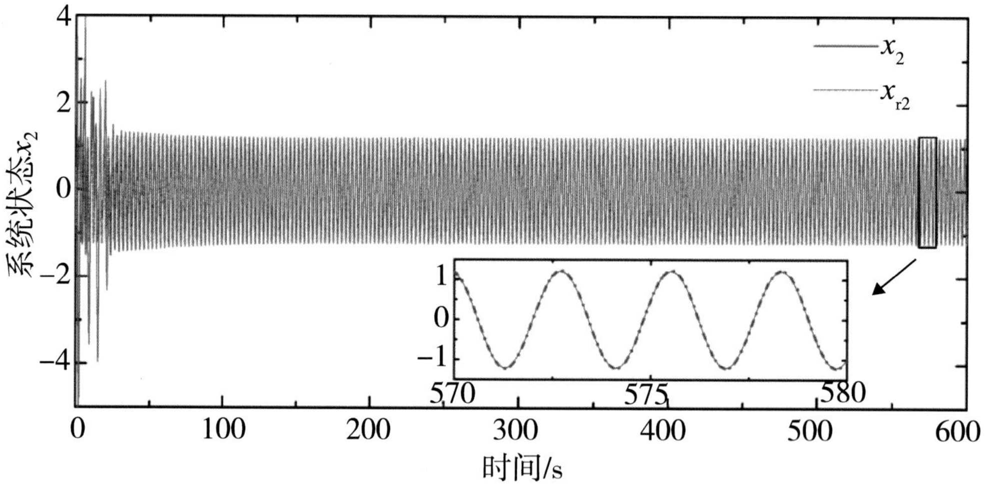

图 3.15　系统状态 x_2 的跟踪轨迹